U0193666

北京十三陵
结构检测与保护研究

张　涛　著

學苑出版社

图书在版编目（CIP）数据

北京十三陵结构检测与保护研究 / 张涛著 .— 北京：学苑出版社，2020.10

ISBN 978-7-5077-6001-9

Ⅰ . ①北… Ⅱ . ①张… Ⅲ . ①十三陵—建筑结构—检测②十三陵—保护—研究 Ⅳ . ① TU251.2

中国版本图书馆 CIP 数据核字（2020）第 171508 号

责任编辑：周 鼎 魏 桦
出版发行：学苑出版社
社 址：北京市丰台区南方庄 2 号院 1 号楼
邮政编码：100079
网 址：www.book001.com
电子信箱：xueyuanpress@163.com
联系电话：010-67601101（营销部）、010-67603091（总编室）
印 刷 厂：英格拉姆印刷(固安)有限公司
开本尺寸：889 × 1194 1/16
印 张：24.25
字 数：315 千字
版 次：2020 年 11 月第 1 版
印 次：2020 年 11 月第 1 次印刷
定 价：480.00 元

编著委员会

主　编： 张　涛

副主编： 杜德杰　姜　玲　单　杰

编　委： 王丹艺　胡　睿　居敬泽　刘　恒　夏艳臣
宋海欧　马羽杨　付永峰　张瑞姣　何志敏
侯爱国　蔡新雨　孟　楠　房　瑞　刘易伦

目录

第一章　十三陵概况

1. 历史沿革

明十三陵位于北京市昌平区天寿山麓，共埋葬了明代的 13 位皇帝、23 位皇后、2 位太子、30 余名妃嫔、两位太监，是我国埋葬帝后最为集中的一组陵寝群。

明永乐七年（1409 年）第一座皇陵即朱棣的长陵在此处开工修建，此后明代除了景泰帝之外全部埋葬于此（朱元璋的陵墓建在南京，朱允炆靖难之役后下落不明没有建造陵墓），清顺治元年（1644 年），被李自成起义军所迫吊死在景山的明代最后一位皇帝崇祯被清廷葬入思陵。1981 年，成立了十三陵特区办事处并对外开放，直至今日。

2. 建筑形制

明十三陵总面积约 120 余平方千米，陵区东、西、北三面环山，南面为平原。南面的入口处建有总神道，其内共建有十三座帝陵、七座妃子墓园、一座太监墓。帝陵以长陵及其背后的天寿山主峰为中心，以西依次为献陵、庆陵、裕陵、茂陵、泰陵、康陵、定陵、昭陵、思陵，以东依次为景陵、德陵、永陵。

总神道既是整个陵区的前导部分，也是长陵神道，长约 7.3 千米，自南而北排列着一系列墓仪设施。总神道的设置既起到了引导的作用，也加大了陵寝的纵深感和威仪感。总神道最前方为石牌坊，石仿木六柱五楼形式，是明世宗为纪念其祖先的功绩而建造。之后为一座石质三孔（即孔）桥。大宫门又称大红门，是陵区的总门户，建于高岗之上，中门正对天寿山主峰，为砖石拱券结构，庑殿顶黄琉璃瓦屋面。从大红门左右两侧原有围墙连接至左右的龙山、虎山之巅，然后再向东西两侧蜿蜒而去。大红门前左右两侧各立下马碑一通，碑的正反面均刻有“官员人等至此下马”八字。神功圣德碑亭为方形，重檐歇山顶，砖石拱券结构。亭内立有高 7.9 米的“大明长陵神功圣德碑”，碑亭四角立有汉白玉华表，高 10.81 米。神功圣德碑亭往北长约 800 米神路的两侧对称而立十对石像生，其顺序是石望柱、狮子、獬豸、骆驼、象、麒麟、马、武将、文臣和功臣。石像生的尽头是三座棂星门，石仿木两柱一楼牌楼形式。由于帝后入葬时，必须经过此门，所以又称之为龙凤门。过龙凤门后依次为南五孔桥、七孔桥、北五孔桥，过桥后为通往各陵寝的分神道。

十三陵各陵的背后都有一座山峰作为靠山，其建筑都是由神道和陵宫区两部分组成。神道基本上都会在途中建造单孔石桥、后部并列建三座单孔石桥和神功圣德碑亭。陵宫区的建筑又可以分为前部平面长方形的祭祀区和后部平面前方后圆形的埋葬区。陵宫区主体建筑沿轴线前后布置，基本都是由陵门、祾恩门、祾恩殿、方城明楼和宝城宝顶组成。每个陵根据规模大小，或有增减。其中长陵规模最大，思陵规模最小。

长陵位于天寿山主峰南麓，是明朝第三位皇帝成祖朱棣和皇后徐氏的合葬陵寝。陵宫区面积约 12 万平方米。祭祀区最前面为陵门五间，砖仿木结构，歇山顶。陵门内院落建有碑亭一座。祾恩门是一道礼仪性的门，歇山顶，五间三启门形式，须弥座式台基。祾恩门两侧还各有随墙式琉璃掖门一座。祾恩殿是用于供奉帝后牌位和举行祭祀活动之处，面阔九间，进深五间，重檐庑殿黄琉璃瓦屋面，殿下有三层汉白玉石栏杆围绕的须弥座台基。祾恩殿之后为埋葬区。埋葬区前为与陵门形制相同的门一座，门内沿中轴线方向建有两柱牌楼门和石几筵。之后为方城明楼一座，下部的方城为一座砖石砌筑的方形城台，城台开券门一座，上部的明楼为二层，重檐歇山顶黄琉璃瓦屋面，楼内立有“圣号碑”一方。楼后为平面圆形的宝城宝顶，下部为城砖砌筑的圆形围墙称为宝城，围墙上的封土填充成半球形称为宝顶。宝顶上种植柏树。

献陵神道从长陵神道北五孔桥北分出，神道长约 1 千米，至后部建单孔石桥一座和神功圣德碑亭一座。陵宫区面积 4.2 万平方米，其祭祀区和埋葬区之间因“风水”关系被环抱在宝城前的玉案山（一座小土山）分开为前后两座独立的院落。两院之间有神道沟通，并于玉案山西设单孔石桥两座，在后院的琉璃门前设并列的单孔石桥三座。祭祀区原有祾恩门三间、祾恩殿五间，左右的神厨、神库各为五间，现均为遗址。埋葬区院门为三座门形式的琉璃门。琉璃门内建两柱棂星门、石供案。方城明楼的方城为简化的四面墙壁，墙壁内建有歇山顶的二层明楼，之后为宝城宝顶。宝城城郭平面作纵向椭圆形，宝山堆土不如长陵高大，方城入口甬道为直通前后的形式，城内于宝山前设琉璃屏一座。

景陵神道从长陵神道北五孔桥南向东北分出，长约 1.5 千米。神道后部建单孔石桥一座和建神功圣德碑亭一座。陵宫区约 2.5 万平方米。祭祀区祾恩门三间，祾恩殿五间，祾恩殿后出抱厦一间，左右配殿各五间，神帛炉一座。埋葬区的建筑形制同献陵，但是平面因地势修成前方后圆纵向狭长的形式。

裕陵神道从献陵碑亭前向西北分出，长约 1.5 千米，途中建单孔石桥二座和建神功圣德碑亭一走，亭北建三座并列的单孔石桥。陵宫占地面积约 2.62 万平方米，平面布局和单体建筑制与景陵基本一致，仅祾恩殿无抱厦，无后门，埋葬区平面为椭圆形。

茂陵神道从裕陵前向西分出，长约 1.8 千米，途中建单孔石桥一座，近陵处建神功圣德碑亭一座。陵宫区面积约 2.56 万平方米，平面布局和单体建筑制与裕陵相仿，仅宝城内的琉璃影壁后分别有通向宝顶的台阶。

泰陵神道从茂陵碑亭前向西分出，长约 1 千米，途中建有五孔石桥一座，后部建神功圣德碑亭一座。亭后并列建有单孔石桥三座。其陵宫总体布局及单体建筑形制与裕陵一致。

康陵神道从泰陵五孔桥南向西南分出，长约 1 千米。途中建有五孔石桥、三孔石桥各一座，近陵处建神功圣德碑亭一座。其陵宫区面积约 2.7 万平方米，平面布局和单体建筑形制与泰陵一致。

永陵神道从长陵神道七孔桥北向东北分出，长约 1.5 千米，途中建单孔石桥一座，后部建并列单孔石桥三座和神功圣德碑亭一座。陵宫区面积约 25 万平方米，平面布局仿长陵而外多一道外罗城。祭祀区有祾恩门五间，祾恩殿七间，重檐庑殿顶，黄琉璃瓦屋面，殿前御路石上雕刻有精美的“龙凤呈祥”图案，左右配殿各九间，神厨、神库各五间。后门一座。埋葬区建有三座门形式琉璃门，门后有为棂星门和石五供。之后的方城明楼为砖石仿木建筑，建筑全部构件均为砖石材质，其宝城和方城的垛口均用五彩斑斓的大块花斑石砌筑。

昭陵神道从长陵神道七孔桥北向西分出，长约 2 千米，途中建五孔、单孔石桥各一座，后部建并列的单孔石桥三座和神功圣德碑亭一座。陵宫区面积约 3.46 万平方米，平面布局和建筑规制与泰陵相仿，不同的是宝城内宝顶制度取法永陵，宝顶前有高大的拦土墙与宝城墙相接，使方城后形成了一个月牙状的院落，欲称“哑巴院”。

定陵神道从昭陵神道五孔桥西向西北分出，长约 1.5 千米，途中建三孔石桥一座，后部建并列单孔石桥三座和神功圣德碑亭一座。陵宫区面积约18万平方米，平面布局及单体建筑形制仿永陵，仅左右配殿各七间，外罗城内神厨、神库各三间。定陵的地下玄宫于1957年进行了发掘，其殿室分布仿皇宫内廷即“九重法宫”格局，由前、中、后、左、右五座石结构殿室组成，顶部均为条石砌筑的拱券。后殿为玄宫主殿，殿内面宽30.1米，进深9.1米，顶高9.5米，地面铺砌正方形花斑石石板，里侧居中部位设有棺床，面宽17.5米，进深3.7米，高0.4米。棺床中央部位留有左右长0.4米，前后宽0.2米的方孔，内实黄土，是风水术中所讲的“金井”，亦即“穴”的位置。墓主神宗皇帝及孝端、孝靖二位皇后的棺椁和随葬品均停放在后殿的棺床上。

庆陵神道从裕陵神道小石桥西向北分出，长约20米，建有单孔石桥一座，桥后建神功圣德碑亭一座。陵宫区面积约2.76万平方米。平面布局仿献陵，单体建筑制与昭陵一致，但其埋葬区的琉璃门、影壁装饰华丽胜过昭陵。

德陵神道从永陵碑亭前向东北分出，长约500米，途中建五孔石桥一座，后部建神功圣德碑亭一座。陵宫区面积约3.1万平方米，平面布局与昭陵相同，单体建筑制与庆陵一致。

思陵为妃子墓改造而成（崇祯帝生前未建造陵寝）。陵宫区约0.65万平方米，有院落二进，陵前建碑亭一座，亭内石碑为清顺治十六年吏部尚书金之俊奉敕撰写的《皇清敕建明崇祯帝碑记》。现保存有陵门、享殿和二门遗迹，石供案二套、明楼一座、宝城宝顶一周。

陵区内还建有成祖朱棣二位妃子的两座墓园，明宪宗皇贵妃万氏墓园、世宗嘉靖帝的四妃、二太子墓园，明神宗万历帝皇贵妃郑氏墓园，明神宗万历帝皇贵妃郑氏墓园，明崇祯帝太监王承恩墓。陵区原来还建有帝后谒陵更衣的时陟殿、宣德朝的旧行宫、嘉靖朝的新行宫、负责陵区施工的工部厂、圣迹亭等一些附属建筑，这些建筑今基本仅存遗迹。另外，还保存有多座守卫陵寝的驻兵陵监建筑群以及围护陵区数十千米长的围墙。

3. 建筑价值

世界遗产委员会评价包括明十三陵在内的明清皇家陵寝时认为其“选址经过了仔细的测绘和规划，几经推敲，坐落在风光秀丽的自然环境中。明清皇陵宏伟高大的古

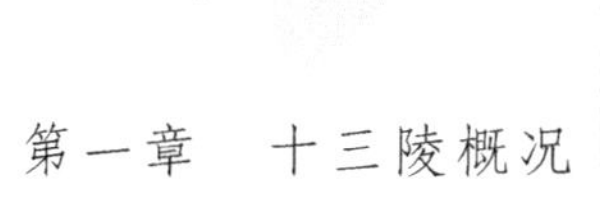

代建筑群与细腻考究的传统装饰相得益彰，是500年来中国封建集权思想和世界观的最高体现。”

1961年明十三陵被公布为第一批全国重点文物保护单位。2003年十三陵作为清东陵和清西陵的扩展项目“明清皇家陵寝”被列入《世界文化遗产名录》。

第二章　十三陵石牌坊结构安全检测鉴定

1. 工程概况

1.1 建筑简况

十三陵石牌坊建于明嘉靖十九年（1540 年），形制仿五间六柱十一楼式木构牌楼，用汉白玉及青白石经雕琢后榫卯衔接而成。通阔 28.86 米，高约 12 米，其夹柱石四面雕饰的云龙和双狮滚绣球浮雕图案，造型秀丽，形象逼真，此坊是我国现存最早的大型石结构牌楼。未搜集到该建筑的修缮资料。从现场检查情况看，主体结构没有经历大修的迹象。

1.2 现状立面照片

十三陵石牌坊南立面

2. 主体结构与建筑测绘图

石牌坊的月台长 37.36 米，宽 8.5 米，台面用整块条石铺筑。石牌坊居在平台的中央建造。其明间面阔 8.54 米，次间 5.88 米，稍间 4.25 米，通面阔 28.88 米。石牌坊的明间高 11.95 米，次间 10.79 米，梢间 9.97 米。

石牌坊的主题结构的石柱和石坊（梁）组成。石柱下部和夹杆石，埋入地下，嵌固基础。石枋沿横向将各柱连成整体。每柱间有三根联系构件，由柱顶向下，龙门枋、花板和小额枋。梁柱间用榫卯节点连接，小额支座处有雀替，搭接在柱的云墩上。

主体结构的受力体系，类似单榀五跨排架。唯排架横梁由三根叠梁组成。

龙门枋以上的门楼属于一般结构构件，有正楼、夹楼和边楼三种。正楼由三座石雕叠合而成。正楼底座上雕有高拱柱和额枋、平板枋。底座上是斗拱层石雕，斗拱层上是庑殿式屋顶石雕，夹楼和边楼均是二座石雕组成，有斗拱层和庑殿式屋顶。

据刘敦桢先生《牌楼算例》“石牌枋”一节，石牌枋的搭接构件之间或设扣榫，或设铁梢，增强定位连接。由于搭接构件的连接都隐于构件结合面间，这些连接详细构造物不明。

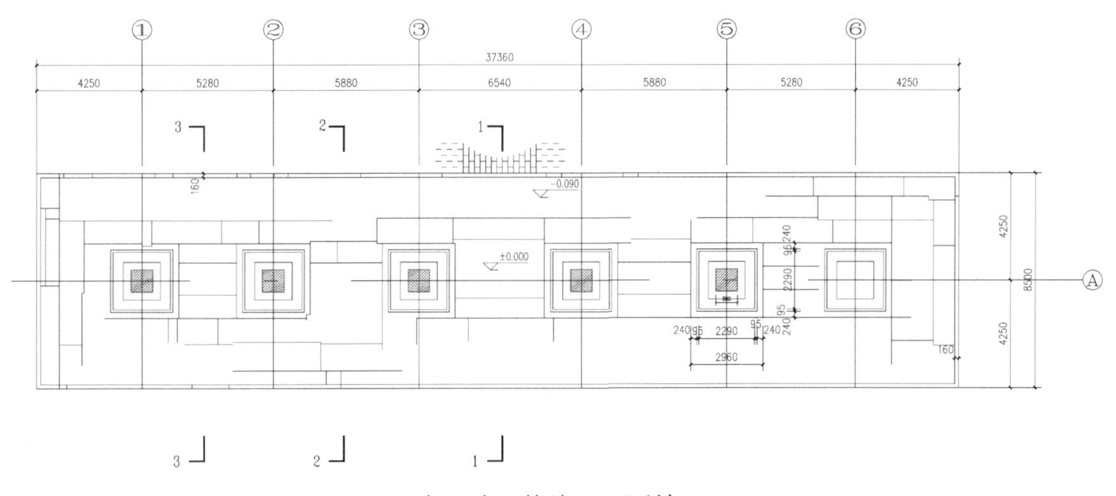

十三陵石牌坊平面测绘图

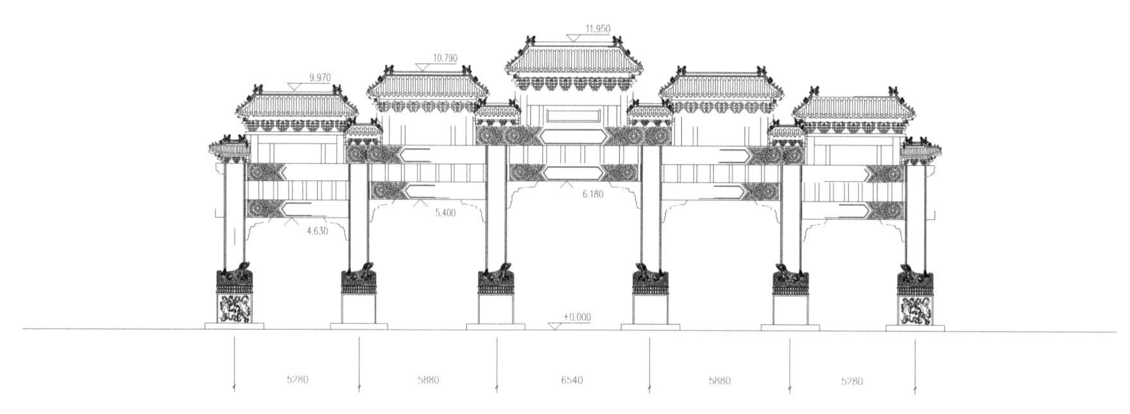

十三陵石牌坊正立面测绘图

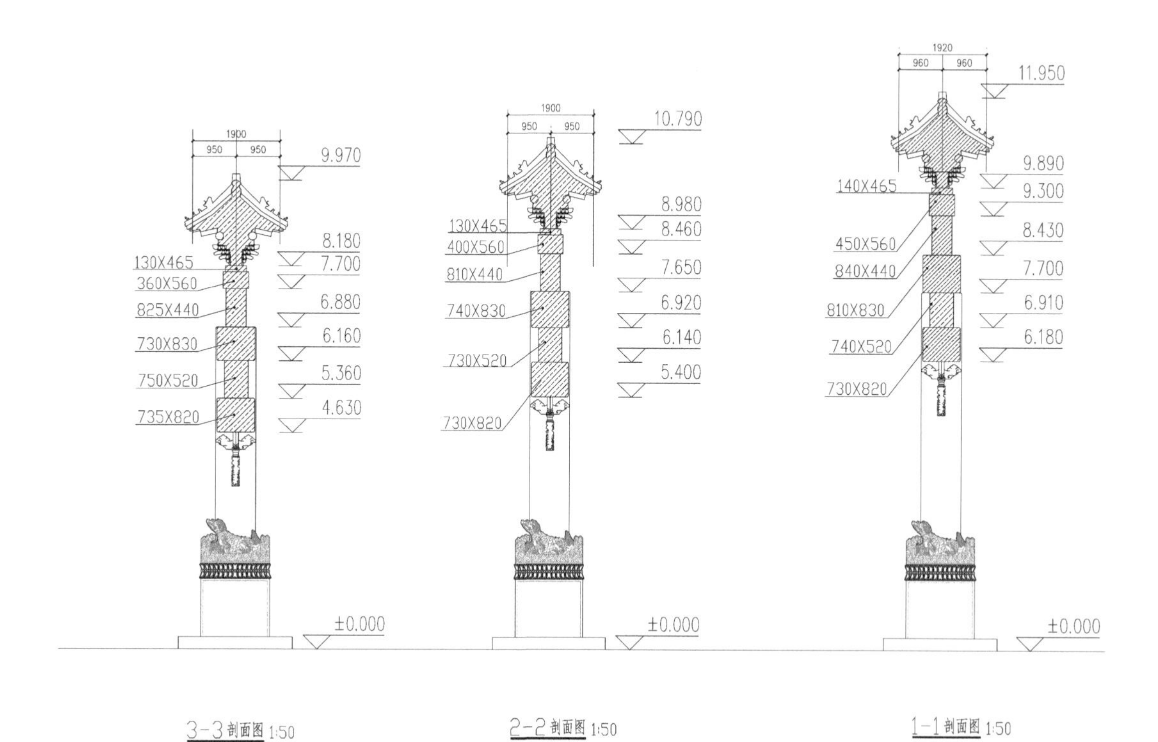

十三陵石牌坊剖面测绘图

3. 地基基础承载状况

石牌坊的基础露明部分（月台），外观无结构残损。坑探检查月台南北两侧的基础构造。月台台面条石厚约 0.6 米，石下是坚实的灰土层，灰土层放脚宽 0.7 米，探坑到地面下 0.8 米处，灰土层未见底。虽无法查明基础内部的详细构造，但探坑情况表明基础的施工质量和现状较好。

委托“建研地基工程有限责任公司”对石牌坊的基础进行了勘查。勘查报告摘录主要的勘查结论如下：

（1）根据本次岩土工程勘察资料，结合区域地质资料，判定建筑场地无影响建筑物稳定性的不良地质作用，为可进行建设的一般场地。

（2）场地均匀性评价：根据本次勘察现有钻探地层资料，建筑场区地基土层除人工填土外在水平方向分布均匀，成层性较好，判定为均匀地基。

（3）建筑场地上部人工填土层物理力学性质较差，压缩性高，承载力较低，不经处理不宜做地基持力层。

（4）建筑场地抗震设防烈度为 7 度。场地土类型属于中硬土，建筑场地类别判定为Ⅱ类。当抗震设防烈度为 7 度时，本场地的地基土判定为不液化。

结合上部结构无明显的倾斜变形和主体结构坏损的状况，可评定石牌坊的地基基础承载状况良好，无明显静载缺陷。

考虑石牌坊这种石质单榀多跨构架，对地基基础的不均匀沉降变形很敏感。存在较小的基础变形，引发上部结构局部坏损的可能性。这种情况仅凭直观检查还不能确定，有待经过对上部结构的整体性的定量检测进行排查。

十三陵石牌坊月台南侧探坑

十三陵石牌坊月台北侧探坑

4. 构件承载状况检查

检查方法为：外观检查，接触探查和仪器测量。目的是查找已不能正常受力、不能正常使用或濒临破坏状态的构件，即规范（GB50165—92）的残损点构件。

4.1 石柱外观质量检查

6 根石柱和抱柱石检查情况如下：

石柱和柱抱石检查情况

项次	检查项目	检查内容	现场检查结果	备注
1	材质	（1）老化变质表层风化，裂缝	轻微风化层	
		（2）石材天然缺陷局部材质疏松，残损点	无不良缺陷	
2	柱身损伤	沿柱长任一部位的损伤	无	

续表

项次	检查项目	检查内容	现场检查结果	备注
3	柱卯口	受力损伤	无	残损部位
4	柱云墩	（1）裂缝	2 轴柱西侧，5、6 轴柱的云墩根部有受力裂缝	
		（2）坏损	1 轴柱云墩局部断裂坏损 2 轴柱次间侧云墩整体断裂坏损	
5	抱柱石	（1）坏损		
		（2）与柱面结合完好程度	良好	
		（3）约束作		
安全性评级		B		

残损部位评定：

1 轴柱云墩局部断裂坏损，2 轴线柱次间侧的云墩整体断裂坏损，云墩剥落裂缝。

云墩的受力状态与现代结构的牛腿相同，云墩在荷载作用下，处于受压、剪、拉的复杂受力状态。云墩的破坏的原因主要是拉应力造成的石材开裂引起的。云墩上部的竖向裂缝，预示云墩将发生脆性破坏。

小额枋支座与柱有两个支承点，梁端榫插入柱卯口和雀替搭接在柱的云墩上。云墩破坏后，小额枋完全由榫卯节点支承，传力途径改变。榫卯节点仍有足够承载能力，故云墩的破坏不会对结构主体承载状况造成严重的影响。

但云墩是石牌坊的组成部分，云墩坏损，影响了这座文物建筑的完整性和文物价值。

十三陵石牌坊抱柱石现状

十三陵石牌坊 1 轴柱云墩局部坏损现状

十三陵石牌坊 2 轴柱云墩整个坏损现状

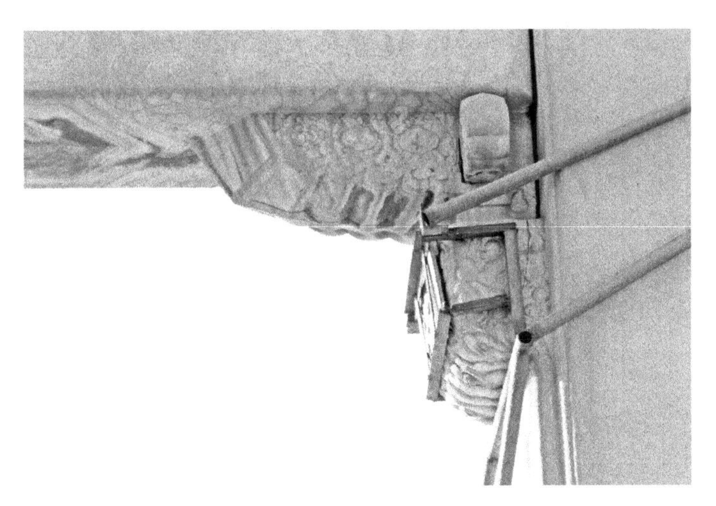

十三陵石牌坊5轴柱云墩裂缝现状

十三陵石牌坊雀替与小额枋同榫现状

4.2 石枋外观质量

直观检查了大额枋、花板和龙门枋的外观质量。花板截面尺寸730毫米 ×530毫米与小额枋730毫米 ×820毫米、龙门枋740毫米 ×830毫米相比，仅宽度减小。三种构件两端均有榫插入柱卯口连接。在石牌坊中仿木结构的花板起着额枋的作用。检测结果如下：

大额枋、花板和龙门枋检查情况

项次	检查项目	检查内容	现场检查结果	备注
1	材质	（1）老化变质表层风化，裂缝	轻微风化层	
		2）石材天然缺陷局部材质疏松，残损点	无不良缺陷	
2	梁身损伤	裂缝	无结构裂缝	
		残损	无	
3	支座情况	（1）榫残损	无	
		（2）支承长度		
安全性评级		Bu		

三种枋构件的承载状况基本正常，无截面承载力不足的迹象。

现场观察：各枋的柱卯口是相同的，且直通柱顶。安装时，依序将各枋榫头落入卯口，只是下枋的榫、卯厚度比上枋的小；邻枋的叠合面间隙中垫有石灰浆，使三枋共同分担上部荷载。

4.3 超声法检测小额枋的受弯裂缝

十三陵石牌坊大额枋受力区超声测点

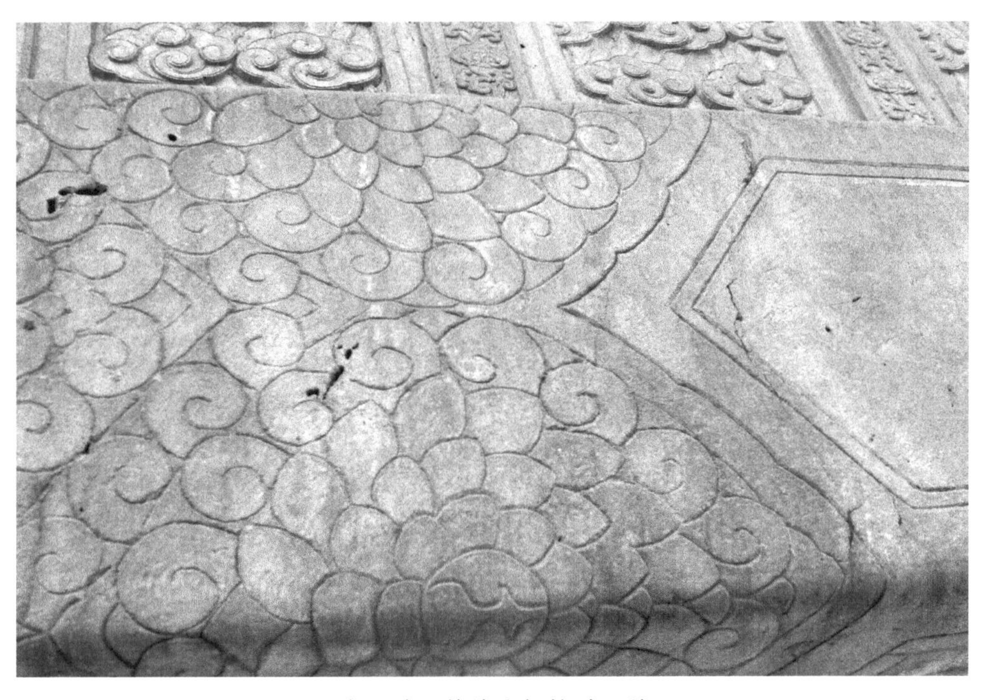

十三陵石牌坊小额枋端石线

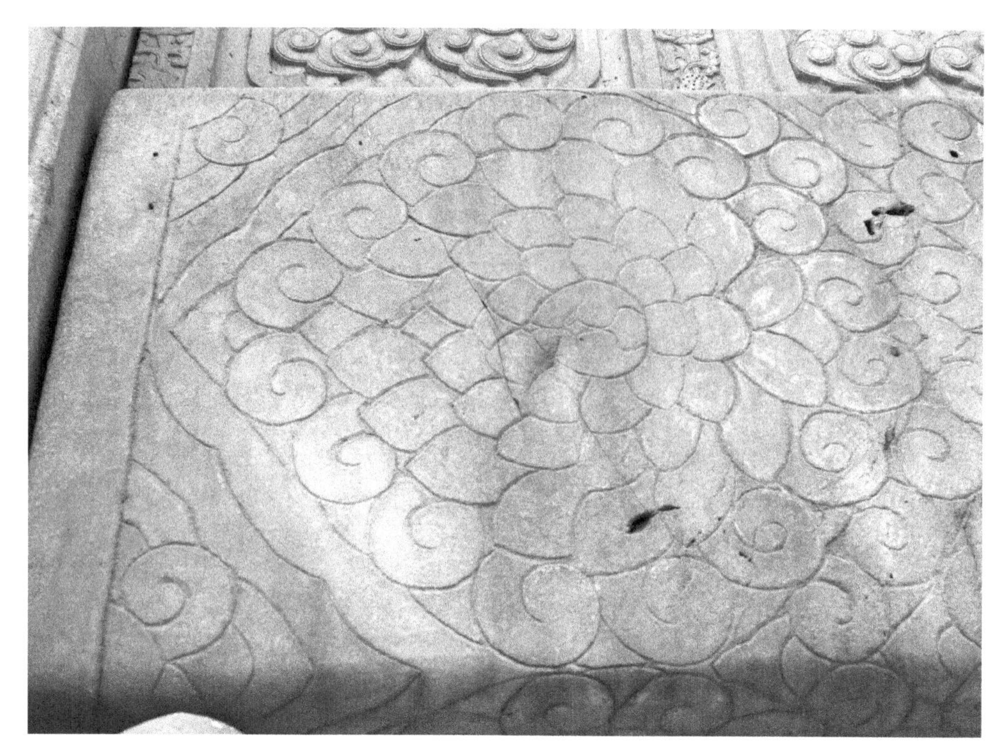

十三陵石牌坊柱上石线

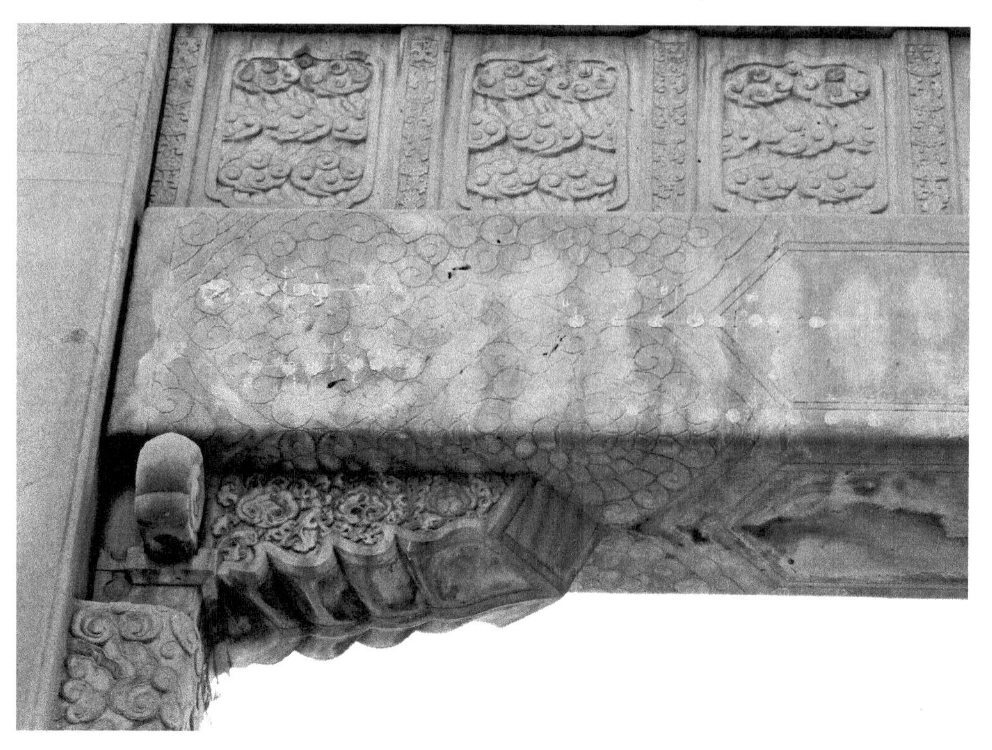

超声法检测枋端天然缺陷测点

5. 结构整体性的检查

5.1 节点连接构造

石牌坊的仿木结构榫卯节点，采用柱顶落榫安装的节点构造。柱上部三根枋的柱卯口是连通的。由柱顶向下，卯口壁有台阶，下枋的卯口宽度比上枋的小。安装时，各枋依序落入柱顶卯口，榫、卯配合即位。邻枋的叠合面间隙中垫有承压的石灰浆，使三枋共同分担上部荷载。

大多数节点榫卯配合状况较好。两梢间附近的节点存在拔榫现象，西梢间最严重。

在西梢间拔榫处，量测节点小额枋节点构造尺寸。榫头矩形，宽 230 毫米、长 120 毫米左右，与枋同高。拔榫 40 毫米，剩余搭接长度 80 毫米左右。榫、卯之间底部搭接，侧面有约 10 毫米的空隙。在平面内，榫、卯间受水平摩擦力和竖向支承力双向约束，平面外亦然。如果节点平面外变形过大，榫、卯间相互相互制约，不能转动变形，石榫会出现受弯状态。目前，拔榫处尚未观察到这种现象。

小额枋支座与柱有两个支承点，梁端榫插入柱卯口和雀替搭接在柱的云墩上。云墩破坏后，传力途径改变，小额枋完全由榫卯节点支承。

假定小额枋（含雀替榫高）承受自重和上部门楼重量的一半，验算其榫的最大剪应力为 1.5N/ 平方毫米。石牌坊石材的抗剪强度研究较少，石牌坊石材的抗剪强度无法测得。引用研究报告[1]的相近类型石材试纯剪切验结果如下：

比较可知，榫的最大剪应力明显小于三种石材的抗剪强度。石牌坊材质应比大理石好，可认为没有云墩的榫卯节点，仍有足够承载能力。估算云墩的承载力，与榫卯节点相近。失去云墩后，小额枋的原承载力安全储备显著下降。

小额枋安装时，很难做到云墩和榫卯两个支承点合理分配作用力。现场观察，云墩顶面和小额枋雀替的接触面有石灰座浆垫平，云墩初期的作用力均匀分布。

结构整体性的检查

项次	检查项目	检查内容	现场检测情况	备注
1	榫卯完好程度	材质	无坏损迹象	
		坏损	无坏损迹象	
2	纵向构架（包括柱枋间、柱檩间的连系）	梁柱	1、2 轴柱榫卯节点拔榫	残损迹象

十三陵石牌坊 1、2 轴柱榫卯节点间隙现状

十三陵石牌坊 6 轴柱榫卯节点间隙现状

5.2 构架整体性变形

用免棱镜激光全站仪测量了石牌坊柱顶的侧向位移，以及柱顶龙门枋两端的水平差。由此了解石牌坊主体结构的变形状况和程度。

实测结果列于下表，表中的位限制移值，参照规范（GB50292—1999 ）同类结构，取值 H/400（H 为柱高）。

由下表可见，有 2、4、5、6、轴四柱的平面内位移值已在限值附近，1 轴柱的平面外位移值 40 毫米超过限值 17 毫米。

实测柱顶侧向位移值（毫米）

柱编号		1 轴柱	2 轴柱	3 轴柱	4 轴柱	5 轴柱	6 轴柱	备注
平面内	位移	8（向西）	18（向西）	6（向东）	18（向东）	16（向东）	18（向东）	基本满足
	位移限值	≤ 17	≤ 19	≤ 21	≤ 21	≤ 19	≤ 17	
平面外	位移	40（向南）	—	—	—	—	14（向北）	1 轴柱超限
	位移限值	≤ 17	—	—	—	—	≤ 17	

龙门枋的两端的水平差值测量

龙门枋搭接在柱顶，初始安装的状态基本水平。龙门枋的水平变位，与两端支承柱的基础沉降位移相关。测量梁龙门枋两端水平差值，可了解上部结构的变形情况。

由实测龙门枋两端水平差值可见，龙门枋的两端产生了水平差值。显然，龙门枋下支承在柱上的花板枋和小额枋也会存在类似的变形情况。表示枋水平偏斜的程度。与柱正交的枋产生偏斜，使榫卯节点或支座处于不利的受力状况。

引起枋水平变位的根源是支撑柱的地基沉降变形。枋端水平差可视为该节间两柱的地基沉降差，评估石牌坊的地基基础的沉降状况。为控制地基基础变形引起的上部结构不良反应，规范（GB50007—2002）给出了的地基变形允许值。参照类似的结构，规范允许值为 0.002L（相邻柱距）。由下表可见，除西梢间外，其他节间的地基基础沉降差（枋端水平差值）均超过规范的允许值。

实测龙门枋两端水平差值（毫米）

额枋位置	西梢间	西次间	正间	东梢间	东次间	备注
枋端水平差值（毫米）	-5.0	15.0	-15.0	-15	-15	可评估地基变形
地基变形允许值	9.0	10.0	11.5	10.0	9.0	

注：差值 = 西端测值 - 东端测值

5.3 结构整体性评定

十三陵石牌坊主体结构的变形示意图可见，石牌坊地基的不均匀沉降变形情况。西端 1 轴柱比东端 6 轴柱的沉降量大 20 毫米，3 轴柱处的沉降量最大，比 6 轴柱大 45 毫米。除西梢间外，柱间沉降差均已明显超过规范（GB50007—2002）同类结构的地基变形允许值。由此引起上部结构的几何变形，使节点受力不均匀。地震作用也是上部结构变形、坏损的推手。石牌坊建成后，北京地区史上发生过 4 次 6 级以上的地震，建筑受损严重。近年，唐山大地震，也波及北京。石牌坊经历数次地震，难免受到伤害。东、西梢间位于结构两边跨，平面内、外的刚度相对差，地震作用的效应较显著。

石牌坊的变形和节点现状是长期累积的结果。变形程度已达到造成节点坏损的程度。柱与额枋之间出现相对滑移变形后，榫卯节点产生拔榫；产生转角变形后，小额枋水平倾斜，与云墩局部挤压接触，造成云墩开裂和破坏。

根据石牌坊的柱顶位移和柱础不均匀沉降较大，有部分连接节点出现裂缝、变形和局部坏损的现状，参照规范（GB50292—1999）评定其整体性安全性为 C_u 级。石牌坊的陈旧性整体性损伤，属于安全隐患。

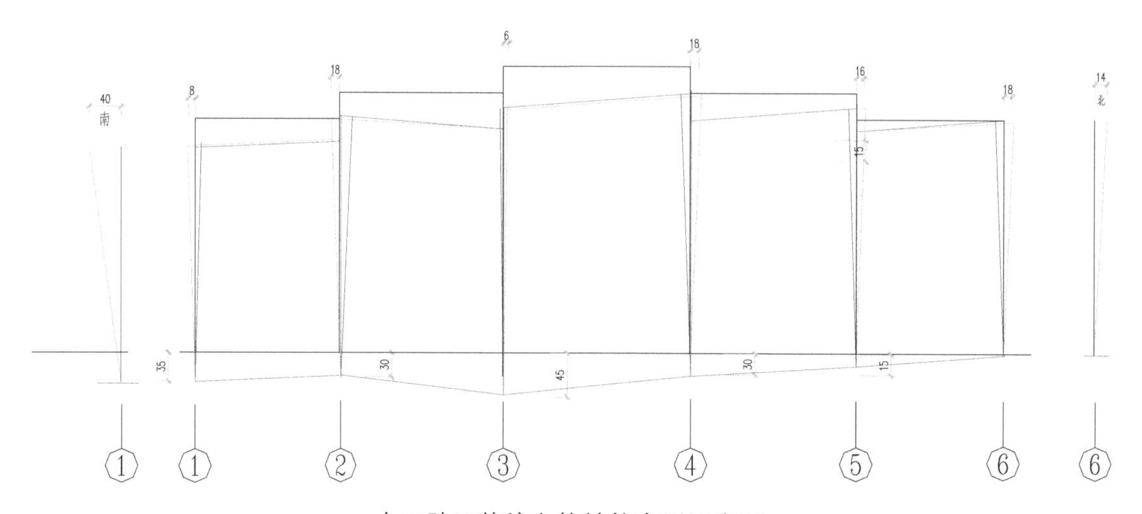

十三陵石牌坊主体结构变形示意图

6. 门楼构件残损情况的检查及评定

门楼的残损情况检查结果如下：

砖墙残损情况

项次	检查项目	检查内容	现场检查情况	备注
1	石材风化	在风化长达 1 米以上的区段	局部	
2	残损	裂缝	无	
		局部剥落	无	
3	墙体倾斜	门楼平面外	无	
4	位移	底座偏离原位	无	
安全性评级		B		

残损情况：

十三陵石牌坊西稍间正楼南侧檐底风化层

十三陵石牌坊西次间正楼南侧檐底风化层

十三陵石牌坊明间正楼西垂脊缺失

7. 结构安全性鉴定

根据规范（GB50165—92）4.1.2 条，结构的可靠性（安全性）鉴定应根据结构中出现的残损点数量、分布、恶化程度及对结构局部或整体造成的破坏和后果进行评估。表 8 汇总了南城楼的结构检查确定的结构残损点。

石牌坊结构安全性评定表

<table>
<tr><td>结构部位</td><td colspan="2">检查项目</td><td>子单元安全性评级</td><td>存在问题</td></tr>
<tr><td rowspan="2">地基基础</td><td colspan="2">地基承载力</td><td rowspan="2">Bu 级</td><td rowspan="2">陈旧性不均匀沉降变形</td></tr>
<tr><td colspan="2">基础变形</td></tr>
<tr><td rowspan="5">上部结构</td><td rowspan="3">组成部分</td><td>石柱</td><td rowspan="2">Bu 级</td><td rowspan="2">部分云墩坏损</td></tr>
<tr><td>加杆石</td></tr>
<tr><td>石枋</td><td>Bu 级</td><td></td></tr>
<tr><td rowspan="2">整体性</td><td>构造连接</td><td rowspan="2">Cu 级</td><td>梢间额枋拔榫，云墩节点受损</td></tr>
<tr><td>主体结构变形</td><td>柱顶位移和柱础不均匀沉降较大</td></tr>
<tr><td rowspan="2">围护结构</td><td colspan="2">女耳墙</td><td rowspan="2">Bu 级</td><td></td></tr>
<tr><td colspan="2">墙顶排水</td><td></td></tr>
</table>

根据上表各结构部位的安全性评定结果，石牌坊的整体安全性评级为 B_{su} 级。应加固、修坏损和开裂的云墩，保持结构原有的安全储备。

8. 加固维修建议

根据检测结果，建议采用以下加固维修措施：

（1）归位 2 轴柱已断裂的云墩，用结构胶粘接修补，跨断面植入加固钢筋。修复的云台不宜直接承载，只作为替补支座。为此，云台顶面与雀替底面预留间隙，用白灰腻子崁缝。

（2）压力灌注树脂胶，修补带裂缝的云台和其他构件裂缝。宜植入钢筋，控制裂缝，加强带裂缝云墩与柱体的连接。

（3）宜植入钢筋，加强完好云墩与柱体的连接，防止云墩脆性破坏。

（4）有条件者，酌情清除云台顶面与雀替底面的座浆，使二者虚接，改作为替补支座

（5）西端梢间正楼的挑檐底面，风化坏损较严重。宜用胶泥修补残损点，修补檐口滴水，防止雨水渗入。

（6）为防止外界因素影响地基基础的稳固性，宜研究灌浆加固西部地表下深6米至碎石层之间的土层。

第三章　神路碑楼结构安全检测鉴定

1. 工程概况

1.1 建筑简况

明十三陵是中国明朝皇帝的墓葬群，坐落在北京西北郊昌平区境内的天寿山，始建于 1409 年。神路碑楼于 1435 年建成，1785～1787 年修葺时，因亭顶塌落，在亭壁内侧另构石条券壁起券，石券顶之上则以砖垒成实心的亭顶。

碑楼位于神道中央，形制为重檐歇山顶。亭身作正方形，四面各辟券门。亭壁的下部为石雕须弥座。外部形制每面各显三间，明间的上下两檐各施以单翘重昂平身科斗栱八攒，次间上檐各施三攒，下檐各施五攒。

1.2 现状立面照片

神路碑楼南立面

神路碑楼北立面

神路碑楼东立面

神路碑楼西立面

1.3 建筑测绘图

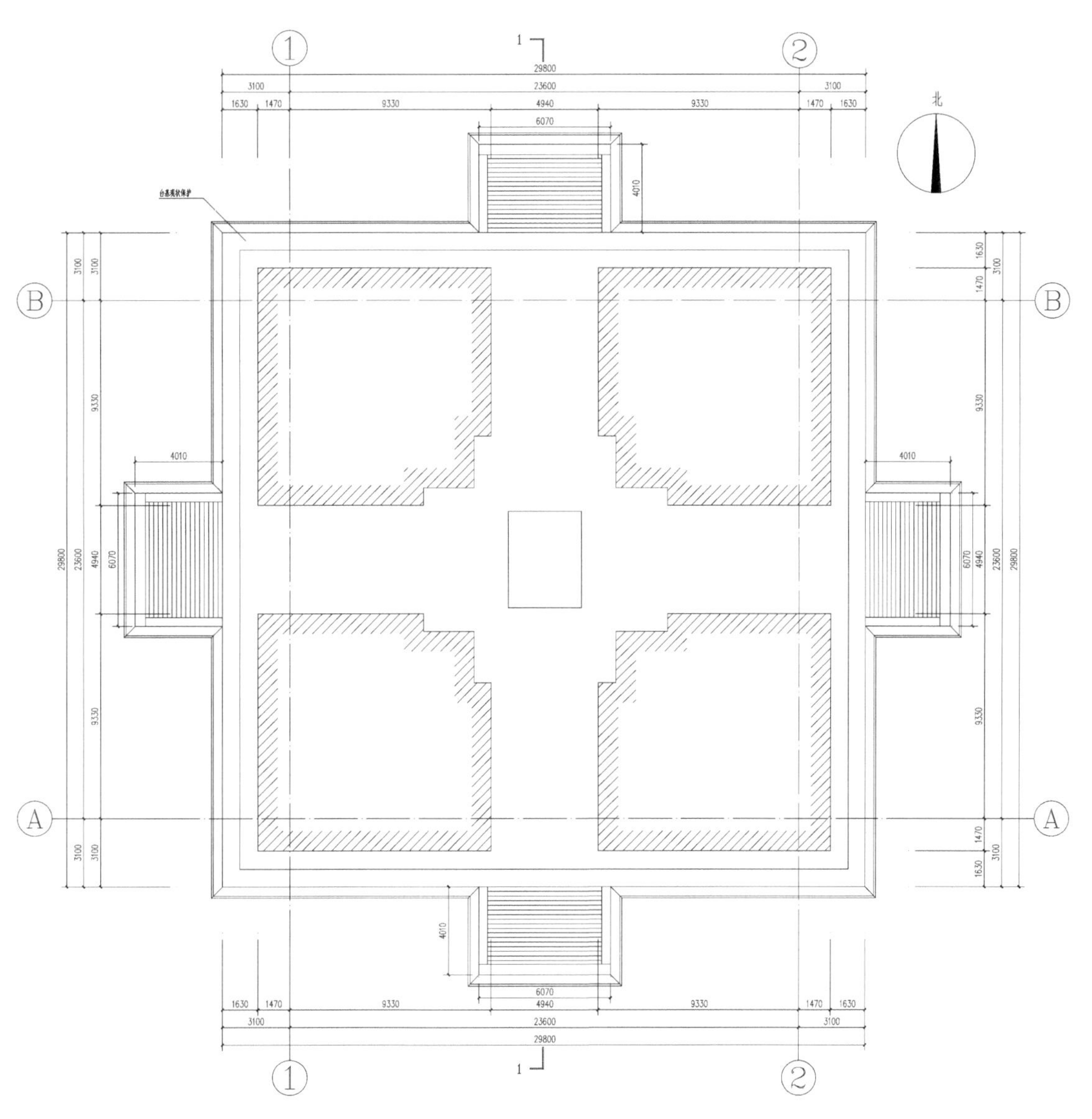

神路碑楼平面测绘图

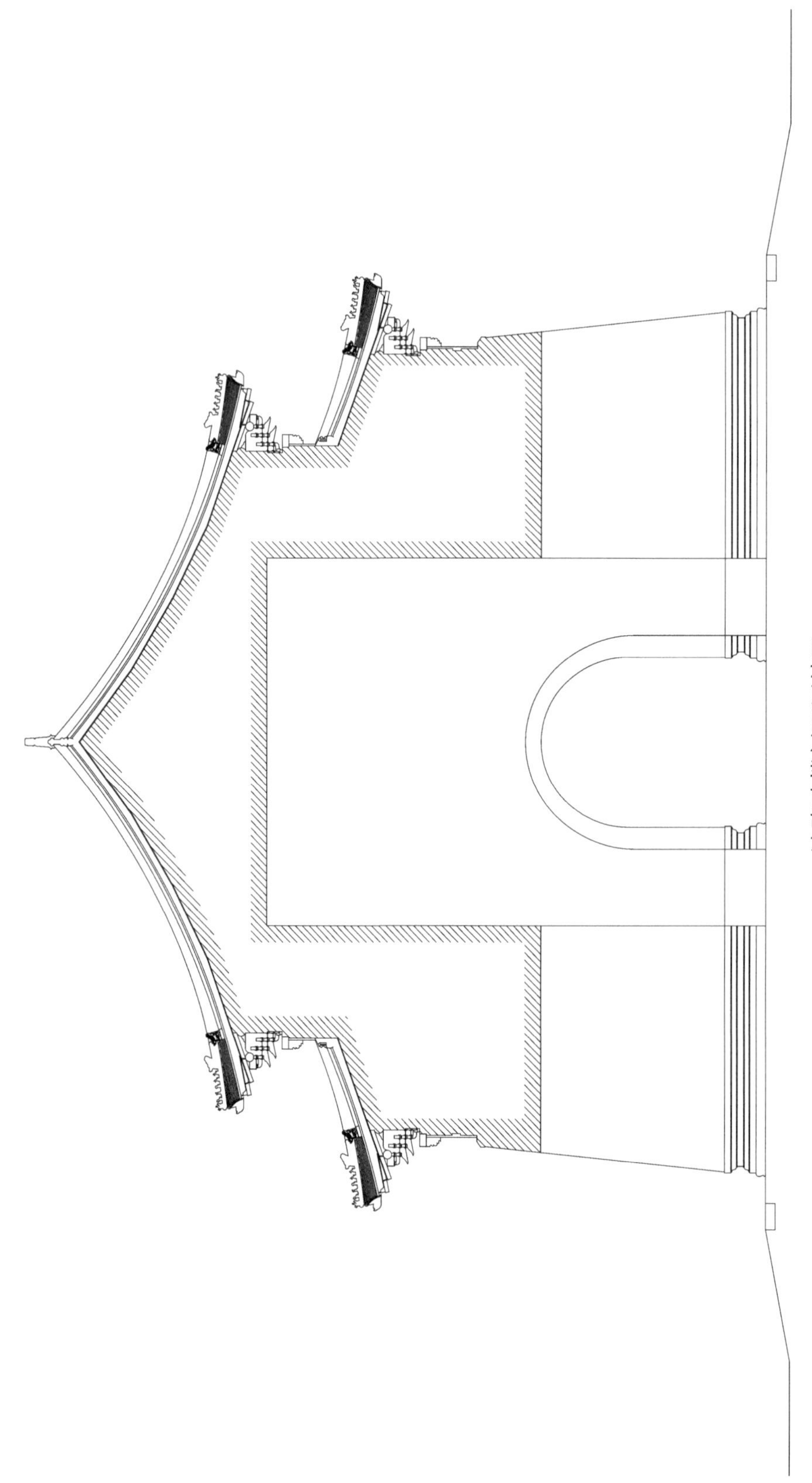

神路碑楼剖面测绘图

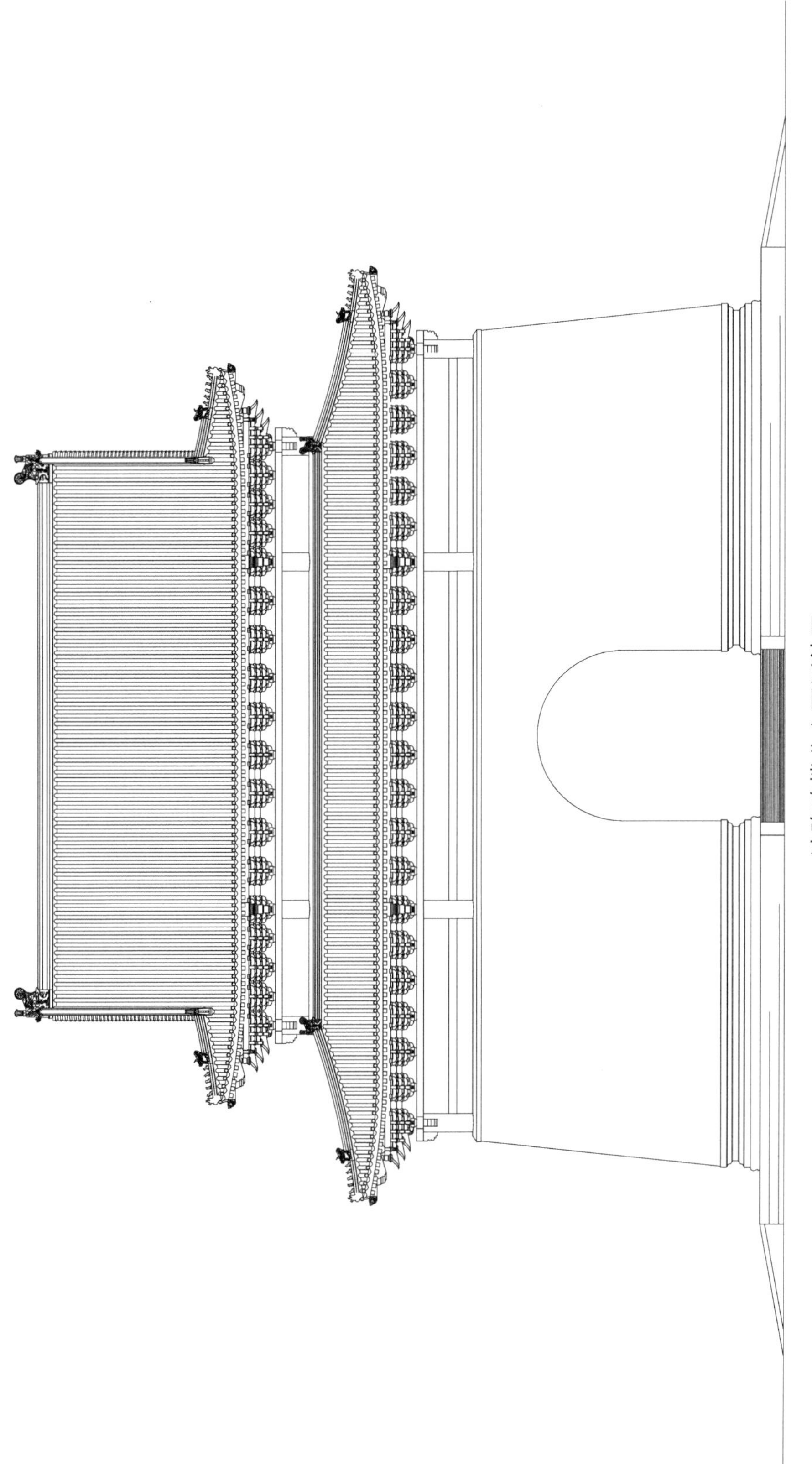

神路碑楼北立面测绘图

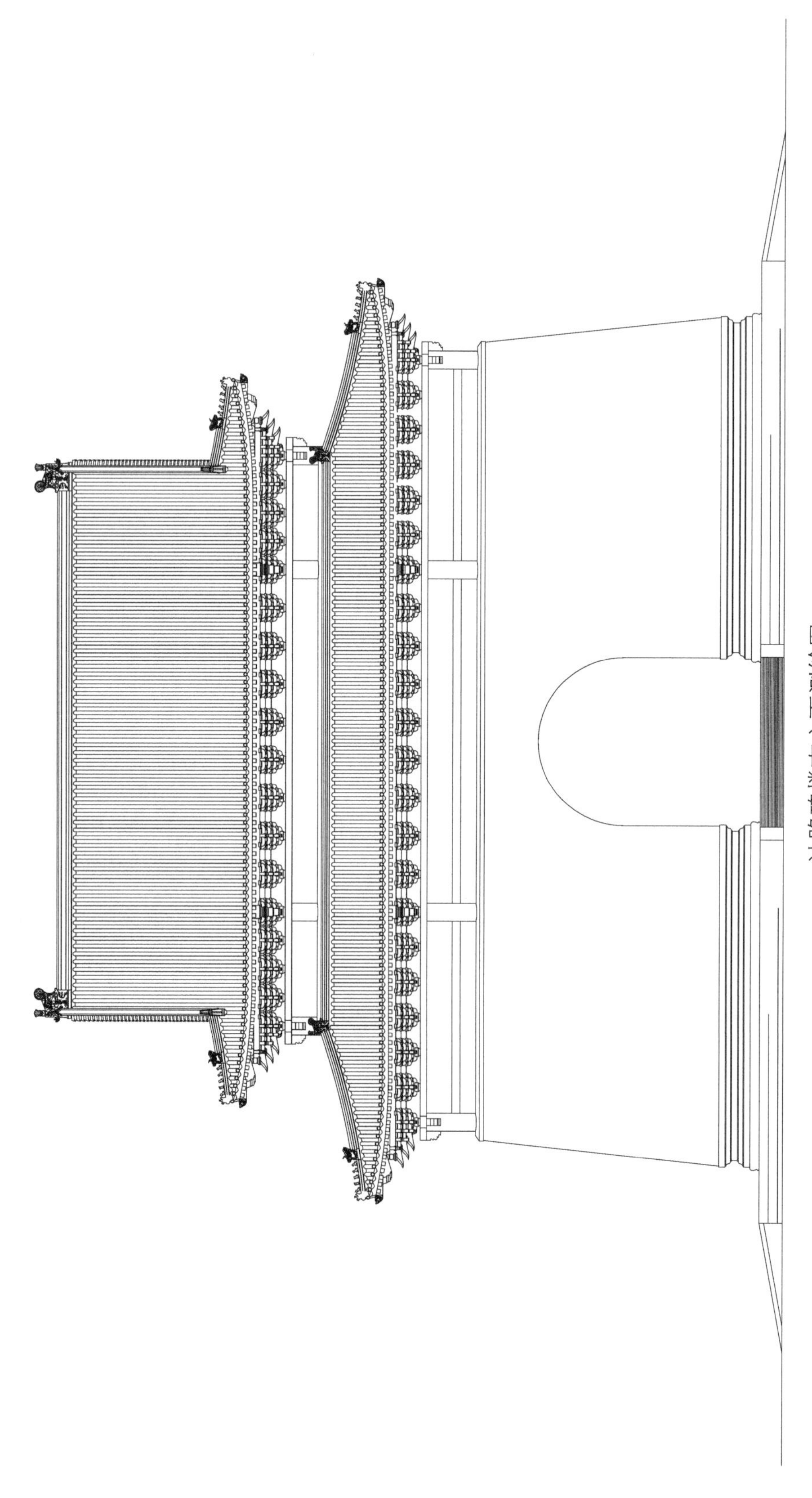

神路碑楼南立面测绘图

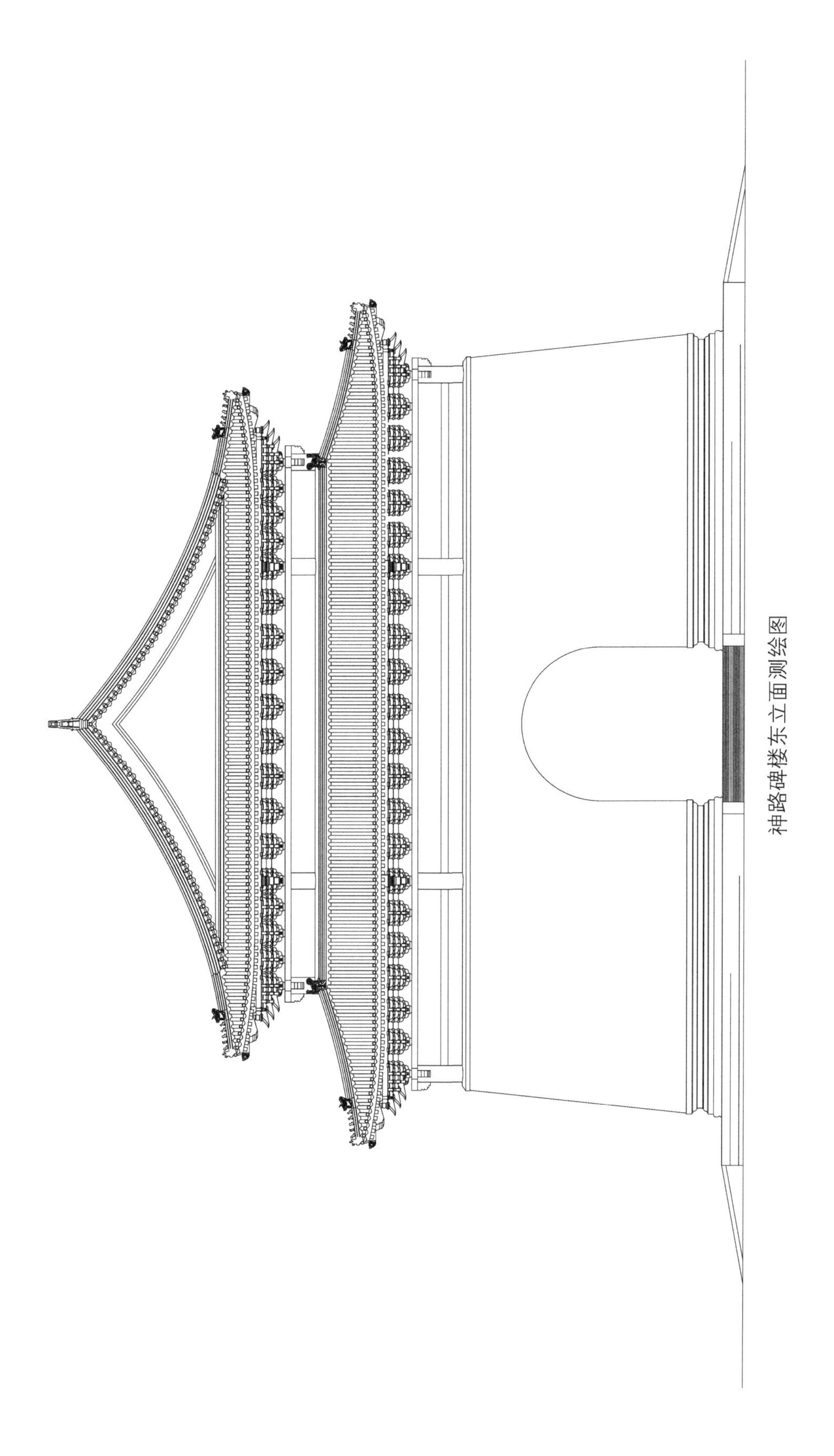

神路碑楼东立面测绘图

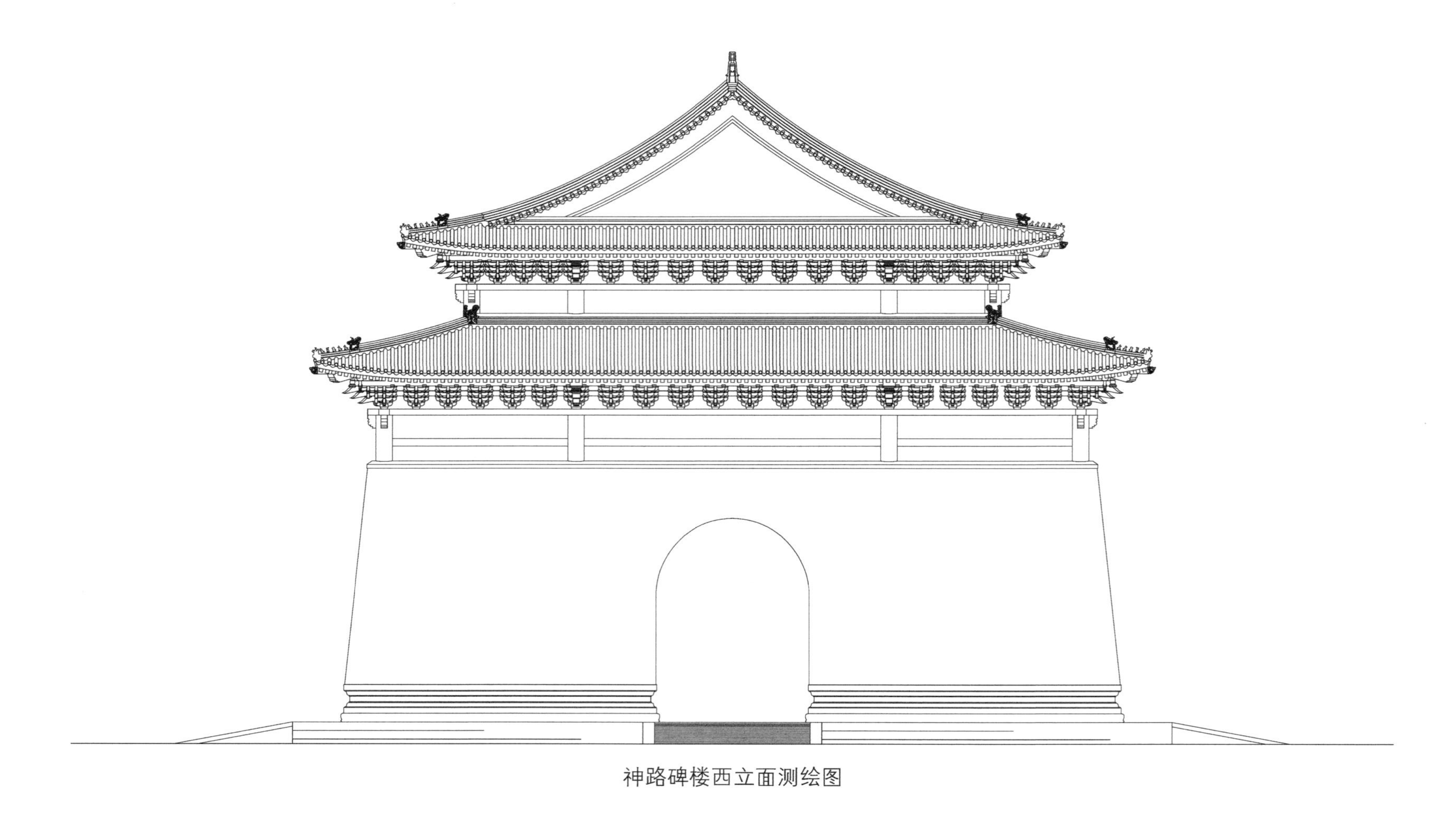

神路碑楼西立面测绘图

2. 结构振动测试

现场用 941B 型超低频测振仪、Dasp 数据采集分析软件对结构进行振动测试，测振仪放置在北侧门券上侧石枋上。测试结果如下：

结构振动测试结果

方向	峰值频率（赫兹）	阻尼比（%）
东西向	2.64	2.40
南北向	2.64	3.38

自振频率是由质量和刚度共同决定的，其中，建筑平面体型、墙体布置、结构内部损伤等因素会影响结构的刚度。由于亭身为正方形，东西向和南北向的质量分布相同，由测试结果可见，两个方向的频率相同，表明两个方向的刚度分布也基本一致，结构内部没有明显的差异。

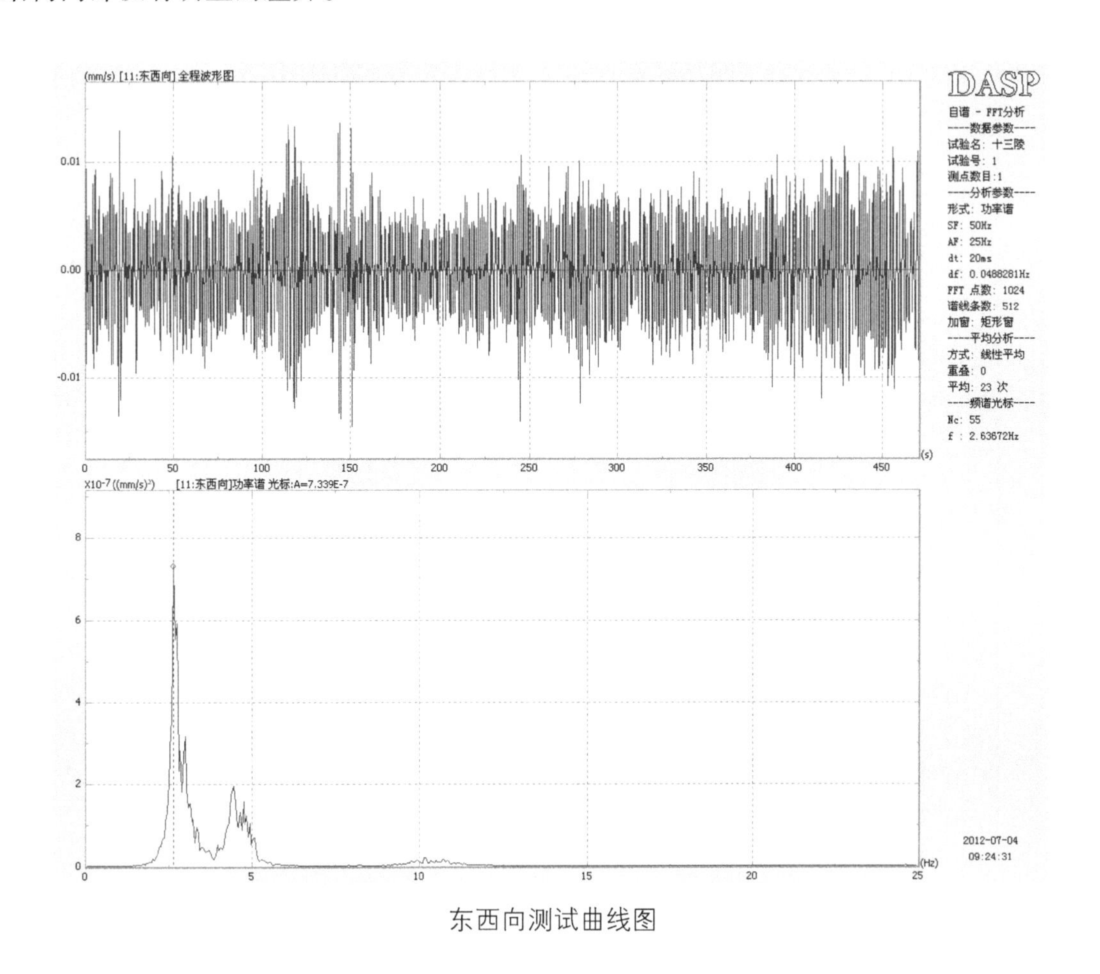

东西向测试曲线图

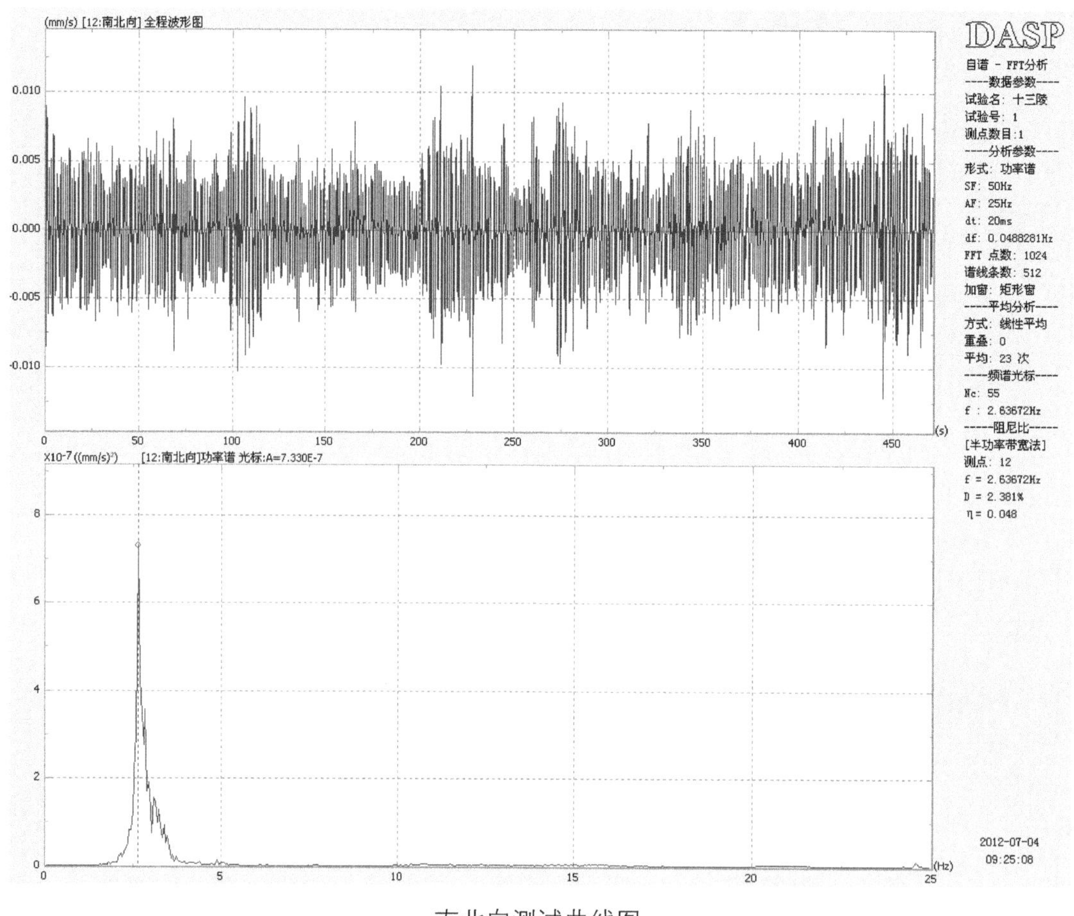

南北向测试曲线图

3. 地基基础勘查

现场共完成钻孔 6 个，钻孔具体位置见下图。

主要结论如下：

（1）根据本次岩土工程勘察资料，结合区域地质资料，判定建筑场地无影响建筑物稳定性的不良地质作用，为可进行建设的一般场地。

（2）场地均匀性评价：根据本次勘察现有钻探地层资料，建筑场区地基土层除人工填土外在水平方向分布均匀，成层性较好，判定为均匀地基。

（3）建筑场地上部人工填土层物理力学性质较差，压缩性高，承载力较低，不经处理不宜做地基持力层。人工填土层包括①层杂填土和①层素填土，其中杂填土层厚度一般为 0.60 米～0.90 米，素填土层厚度一般为 0～1.50 米。

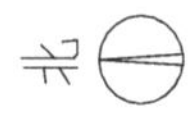
北

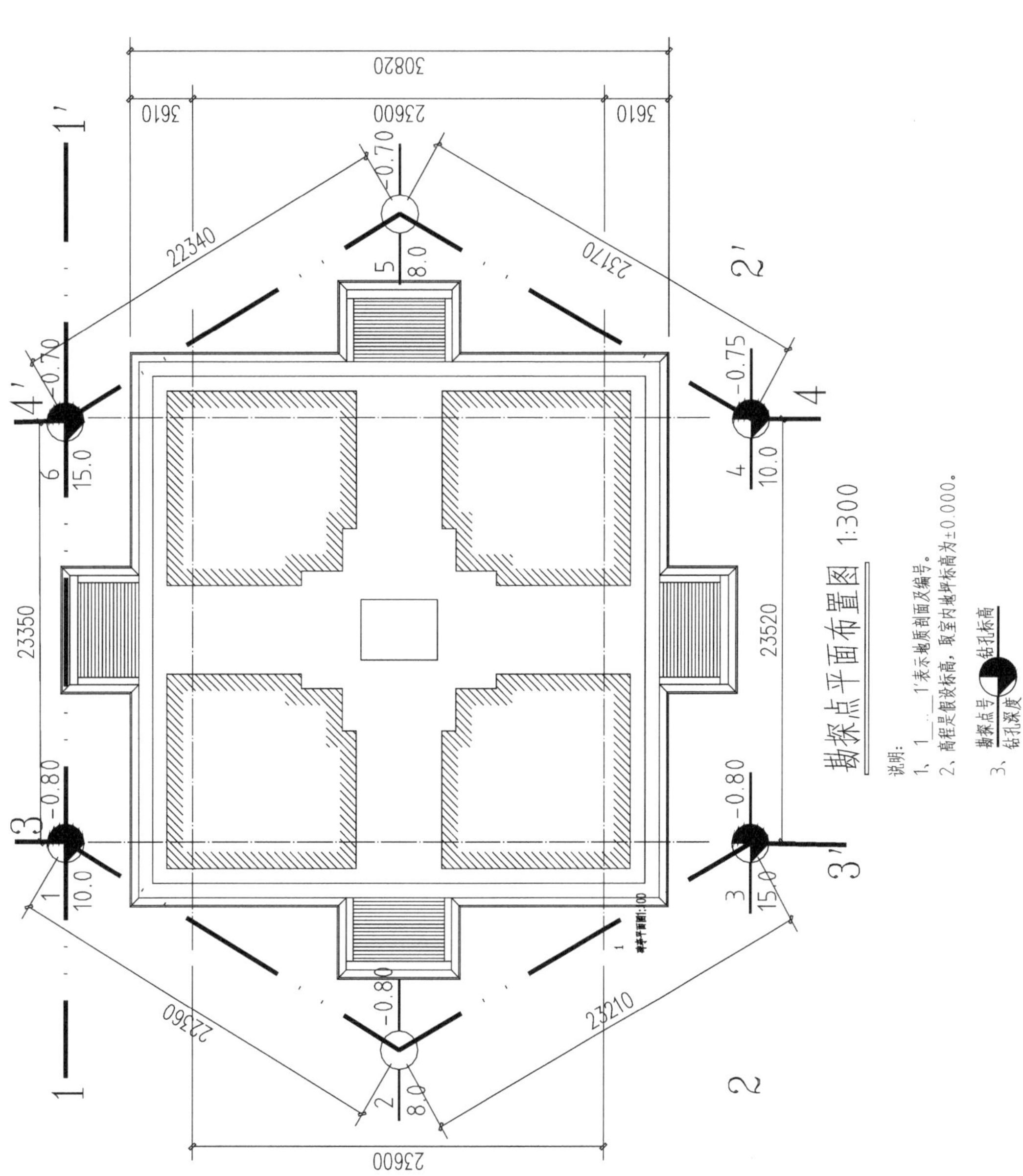
30820
3610
23600
3610
22340
23170
22360
23210
23350
23520
-0.70
-0.75
-0.80
8.0
15.0
10.0
勘探点平面布置图 1:300
说明：
1、1——1′表示地质剖面及编号。
2、高程是假设标高，取室内地坪标高为±0.000。
3、勘探点号
钻孔深度
钻孔标高

勘探点平面布置图

（4）建筑场地抗震设防烈度为 7 度。场地土类型属于中硬土，建筑场地类别判定为Ⅱ类。当抗震设防烈度为 7 度时，本场地的地基土判定为不液化。

（5）由于地下水埋藏较深，故可不考虑地下水对混凝土和钢筋的腐蚀性。在干湿交替作用环境下，本场地土对混凝土结构具有微腐蚀性，对混凝土中的钢筋具有微腐蚀性。

（6）建筑场地地基土的标准冻结深度按 1.0 米考虑。

4. 地基基础雷达探查

采用地质雷达对结构地基基础进行探查。雷达天线频率为 300 兆赫，雷达扫描路线示意图、结构详细测试结果如下：

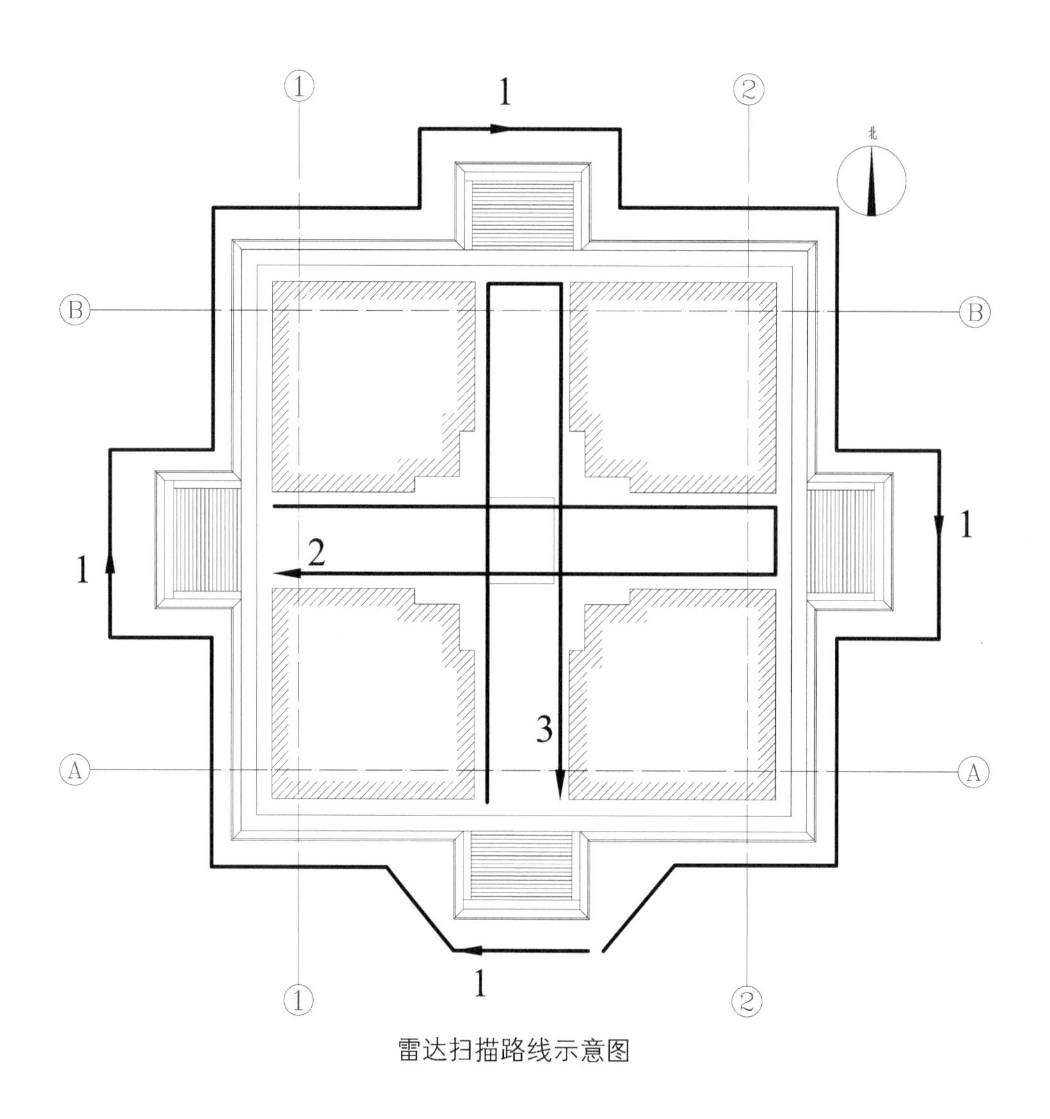

雷达扫描路线示意图

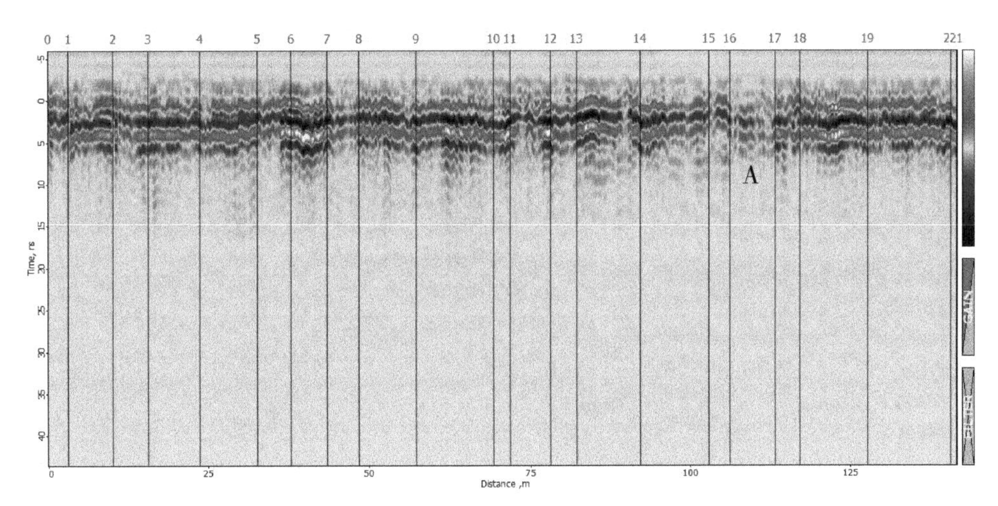

路线 1（台基外侧地面）雷达测试结果

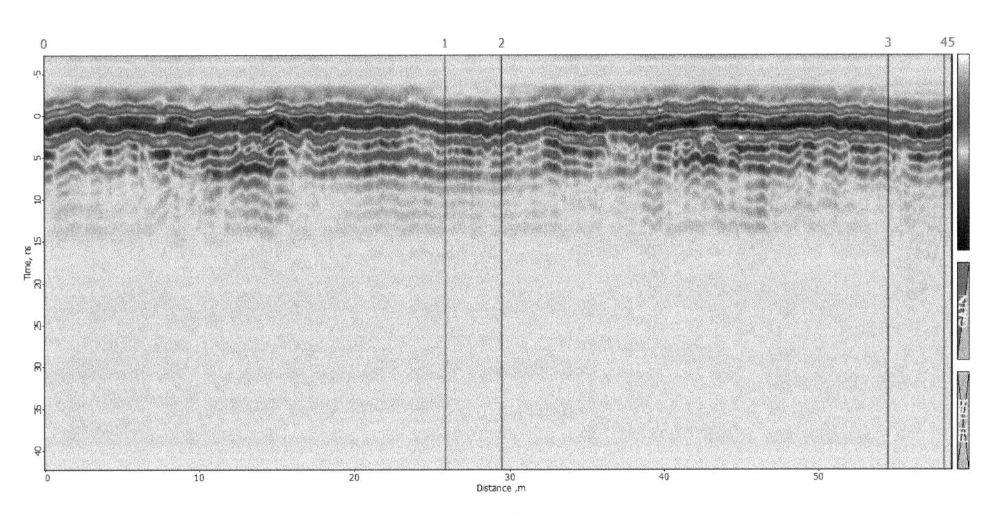

路线 2（室内东西向地面）雷达测试结果

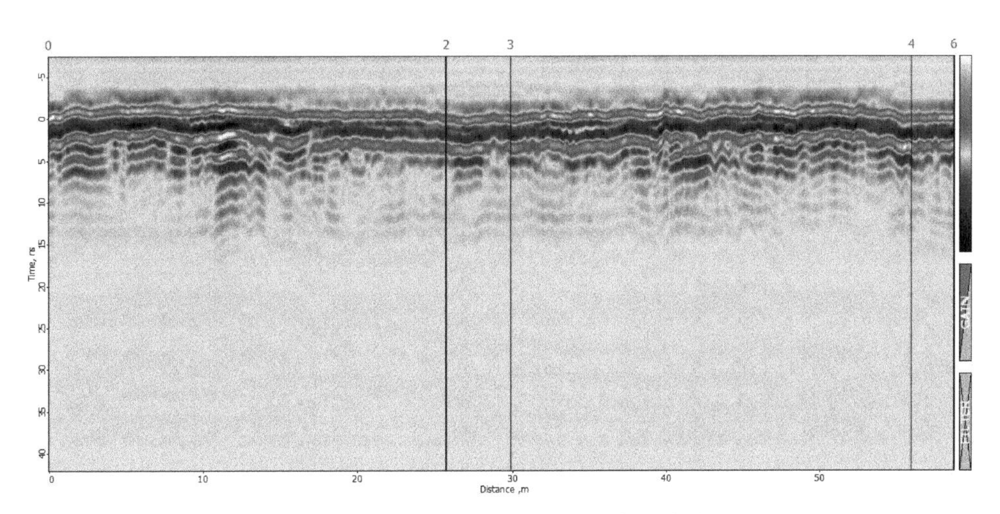

路线 3（室内南北向地面）雷达测试结果

（1）由雷达测试结果可见，台基外侧地面反射波同相轴基本平直连续，下方没有明显缺陷的迹象，但A处反射波振幅较弱，原因可能为地基土含水量相对较大，介质的介电系数提高，对电磁信号吸收相对较强，导致信号衰减，振幅变小。

（2）由雷达测试结果可见，室内地面反射波同相轴振幅较强，基本平直连续，衰减程度较快，地面比较密实，没有发现明显的异常。

由由于地面无法开挖与雷达图像进行比对，解释结果仅作为参考。考虑探测范围内介质基本均匀，介电常数取4时，脉冲波传播时间为15ns的相应探测深度为1.1米。

5. 结构外观质量检查

5.1 地基基础

碑楼台基为陡板式台基。从外观检查，台基局部存在自然坏损，部分阶条石断裂缺失，表面开裂，砌缝脱落，台基现状照片如下：

神路碑楼阶条石角部缺失现状

神路碑楼阶条石开裂现状

5.2 屋盖结构

存在的残损现象如下：

（1）屋面局部存在自然坏损，如瓦件掉釉，屋面杂生草木，其中有一处树高已接近2米，部分捉节灰、夹垄灰脱落。

神路碑楼瓦件掉釉

神路碑楼屋面杂生草木

（2）部分垂脊、戗脊和角脊的端部位置出现开裂，扣脊瓦件掉落，翼角下垂。部分博脊也存在扣脊瓦件掉落的现象。

神路碑楼东北垂脊端部位置开裂、翼角下垂

神路碑楼西北垂脊端部位置开裂、瓦件掉落、翼角下垂

神路碑楼西南垂脊端部位置开裂

神路碑楼东南垂脊端部位置开裂

神路碑楼西北角脊开裂，脊瓦掉落，吻兽不全

神路碑楼东南角脊开裂，斜当沟破损

神路碑楼东北角脊下斜当沟破损

（3）在屋顶上存在一些破损的瓦件，有滑落伤人的危险。

神路碑楼西南角脊扣脊瓦掉落

神路碑楼东侧博脊扣脊瓦掉落

屋面残损情况

项次	残损项目	残损情况	是否残损点
1	瓦面损坏、翼角下垂	东北垂脊端部位置开裂、翼角下垂	是
2	瓦面损坏、翼角下垂	西北垂脊端部位置开裂、瓦件掉落、翼角下垂	是
3	瓦面损坏	西南垂脊端部位置开裂	否
4	瓦面损坏	东南垂脊端部位置开裂	否
5	瓦面损坏	西北角脊开裂，脊瓦掉落，吻兽不全	否
6	瓦面损坏	东南角脊开裂，斜当沟破损	否
7	瓦面损坏	东北角脊下斜当沟破损	否
8	瓦面损坏	西南角脊扣脊瓦掉落	否
9	瓦面损坏	东侧博脊扣脊瓦掉落	否

5.3 承重拱券

存在的残损现象如下：

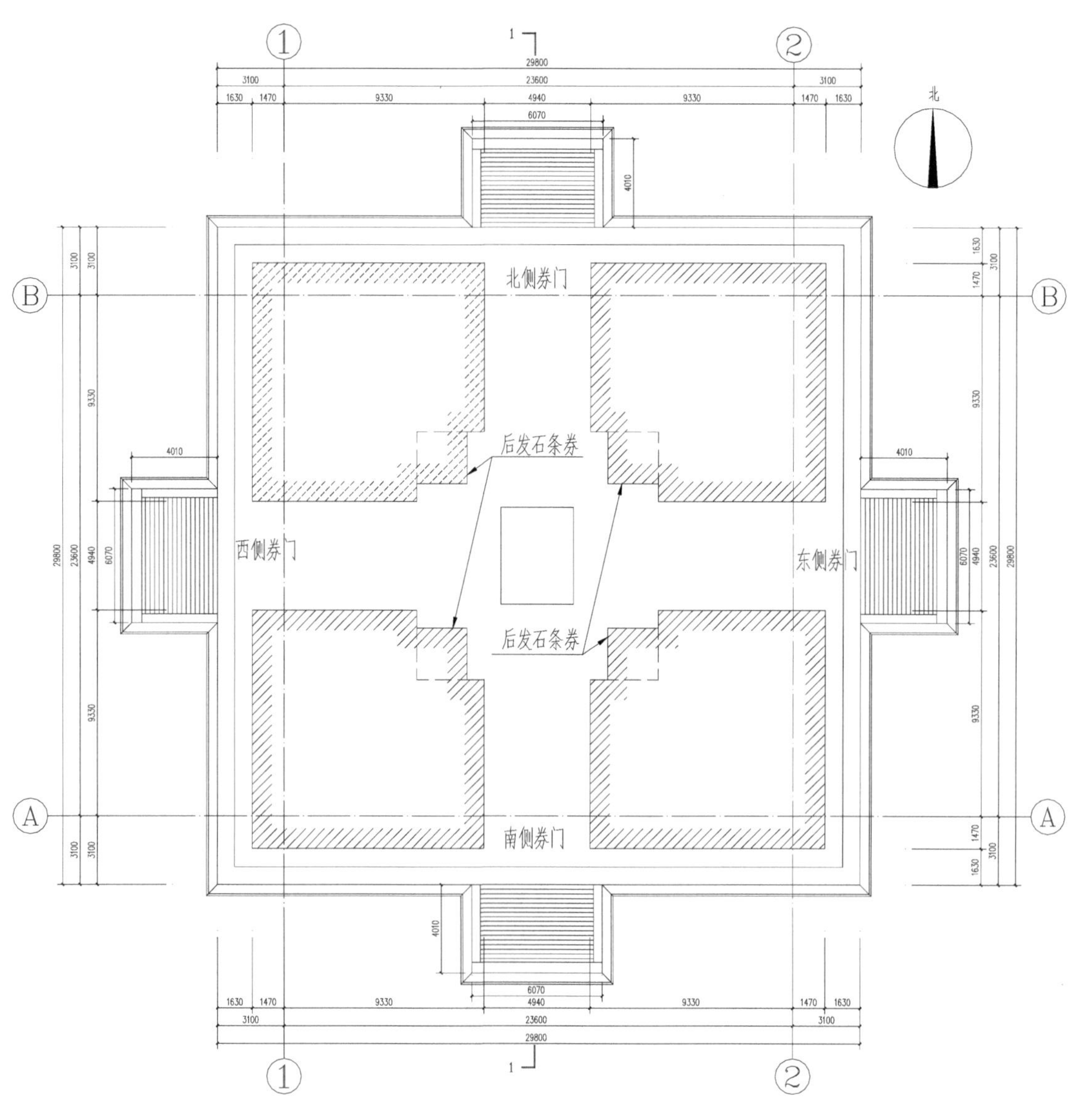

神路碑楼拱券示意图

（1）下层砖墙基本完好，除墙体表面抹灰存在细裂缝，部分抹灰脱落露出砖外，未见因地基不均匀沉降以及承载力不足造成的明显损坏现象。

神路碑楼外墙裂缝

神路碑楼内墙抹灰脱落

（2）四处券门基本完好，拱券没有出现明显的变形和裂缝。

神路碑楼北侧券门（一）

神路碑楼北侧券门（二）

神路碑楼东侧券门（一）

神路碑楼东侧券门（二）

神路碑楼东侧券门（一）

神路碑楼西侧券门（二）

神路碑楼南侧券门（一）

神路碑楼南侧券门（二）

（3）后发石条券也基本完好，拱券没有明显的变形和裂缝；券顶条石表面的抹灰层脱落，侧墙一处墙皮也产生了剥落，拱券顶部存在轻微渗漏的迹象。

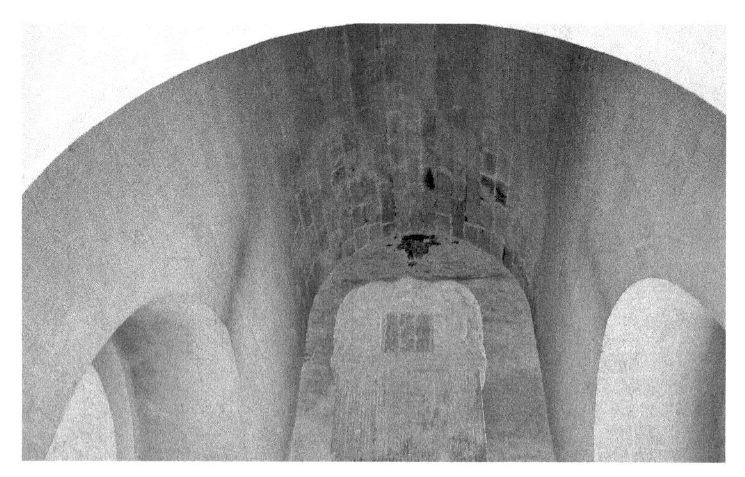

神路碑楼后发石条券券顶（一）

神路碑楼后发石条券券顶（二）

5.4 山墙

亭顶两侧山墙均出现竖向裂缝，发生于山墙两侧部位，开裂程度最大的裂缝位于西侧山墙北侧，裂缝沿砖缝开展，长约 2 米，裂缝最宽处约 10 毫米。

山墙残损情况

项次	残损项目	残损部位	残损程度	是否残损点
1	裂缝	西侧山墙北端	两处裂缝，其中一处长约 2 米，最宽处约 10 毫米	是
2	裂缝	西侧山墙南端	长约 1 米，最宽处约 5 毫米	是
3	裂缝	东侧山墙南端	长约 1 米，最宽处约 5 毫米	是
4	裂缝	东侧山墙北端	长约 1 米，最宽处约 5 毫米	是

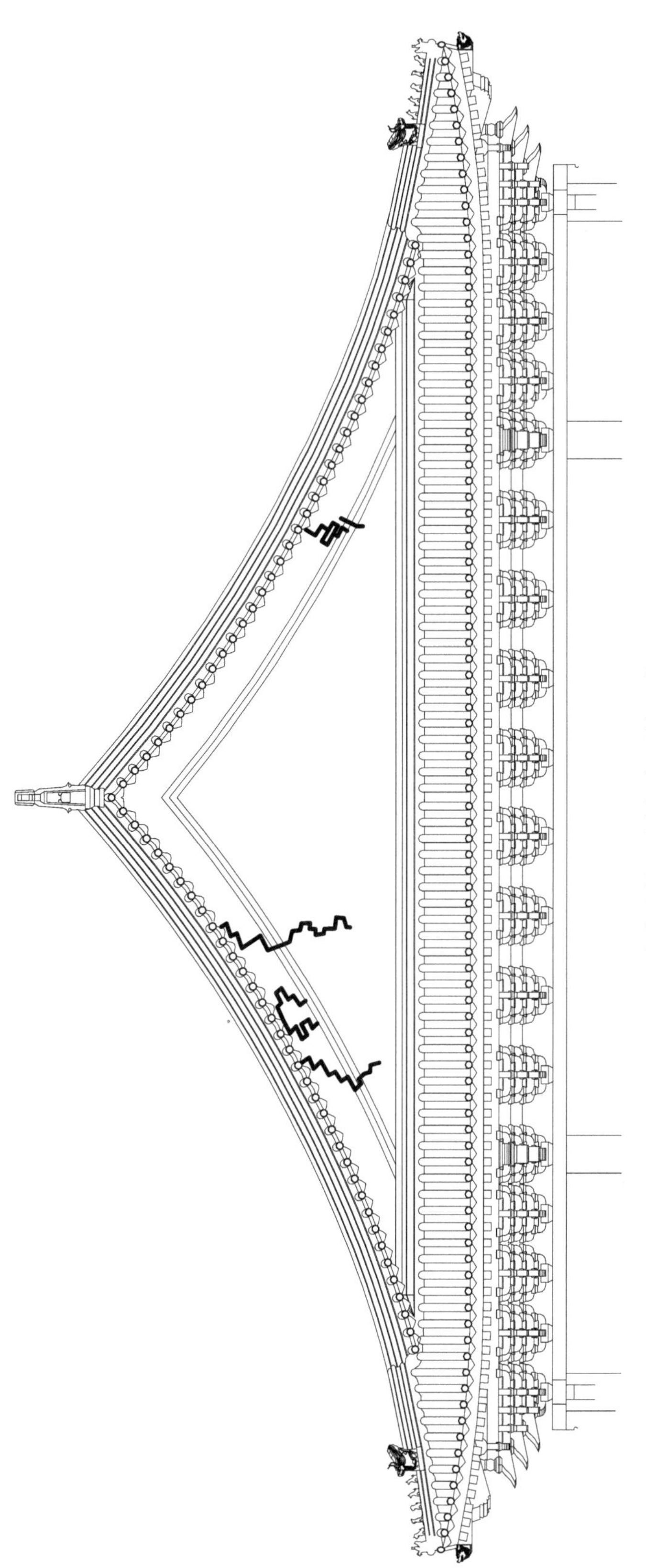

神路碑楼西侧山墙裂缝示意图

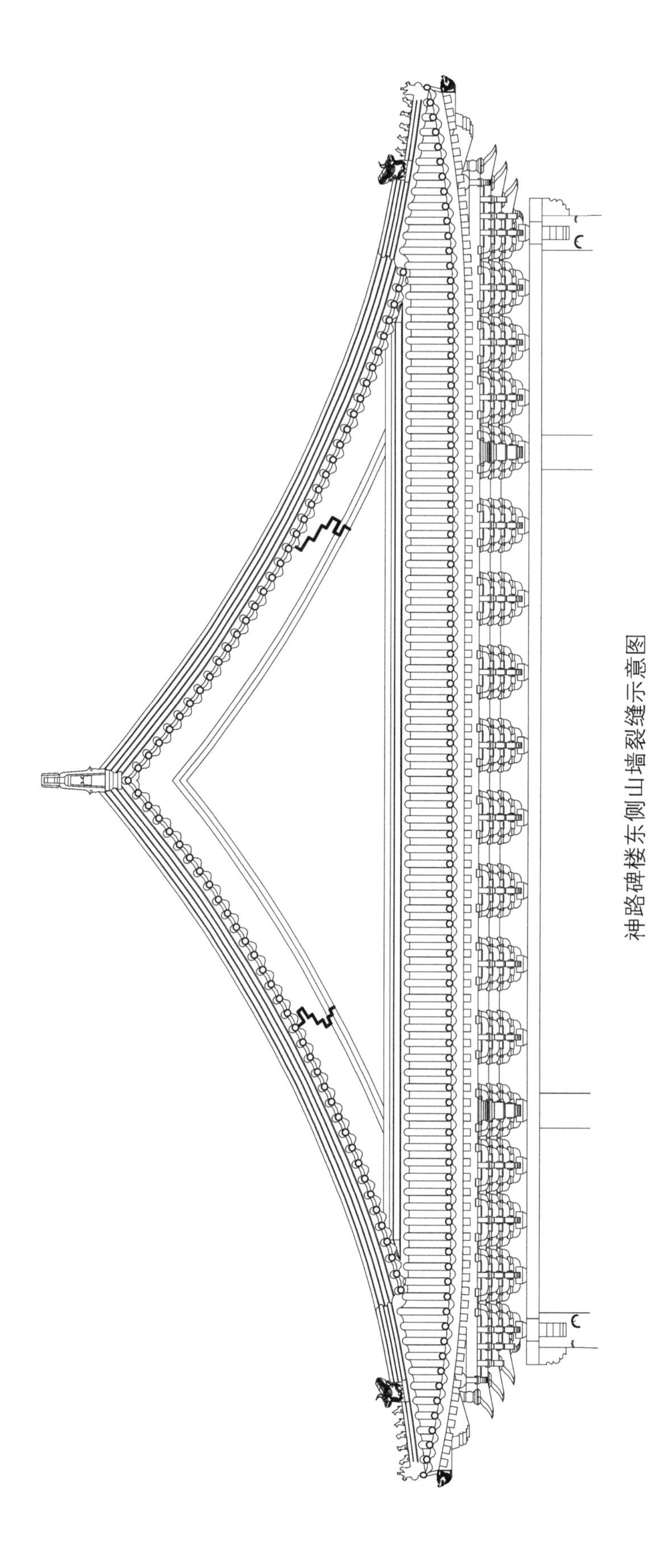

神路碑楼东侧山墙裂缝示意图

神路碑楼西侧山墙北端裂缝

神路碑楼西侧山墙南端裂缝

神路碑楼东侧山墙南端裂缝

神路碑楼东侧山墙北端裂缝

5.5 斗栱

明间的上下两檐各施以单翘重昂平身科斗栱八攒，次间上檐各施三攒，下檐各施五攒。除斗栱、垫栱板、挑檐檩、飞檐椽及望板为木质构件外，其他梁枋、短柱等构件均为石质。

东侧下檐北端角科斗栱存在局部损伤，厢栱及两处瓜拱出现偏移，偏移约 2 厘米，挑檐枋端部断裂。此处斗栱为残损点。

神路碑楼局部残损斗栱

神路碑楼挑檐枋端部断裂

神路碑楼厢栱偏移

神路碑楼瓜拱偏移

5.6 台基不均匀沉降

现场对碑楼台基上表面的相对高差进行了测量，测量结果如下：

可见台基存在一定程度的不均匀沉降，大致呈现南侧比北侧低，西侧比东侧低的趋势，最大沉降点在西南侧，为93毫米，东侧券洞两端相对高差最大，为28毫米，沉降量未超过《建筑地基基础设计规范》（GB50007—2011）规定的变形允许值。

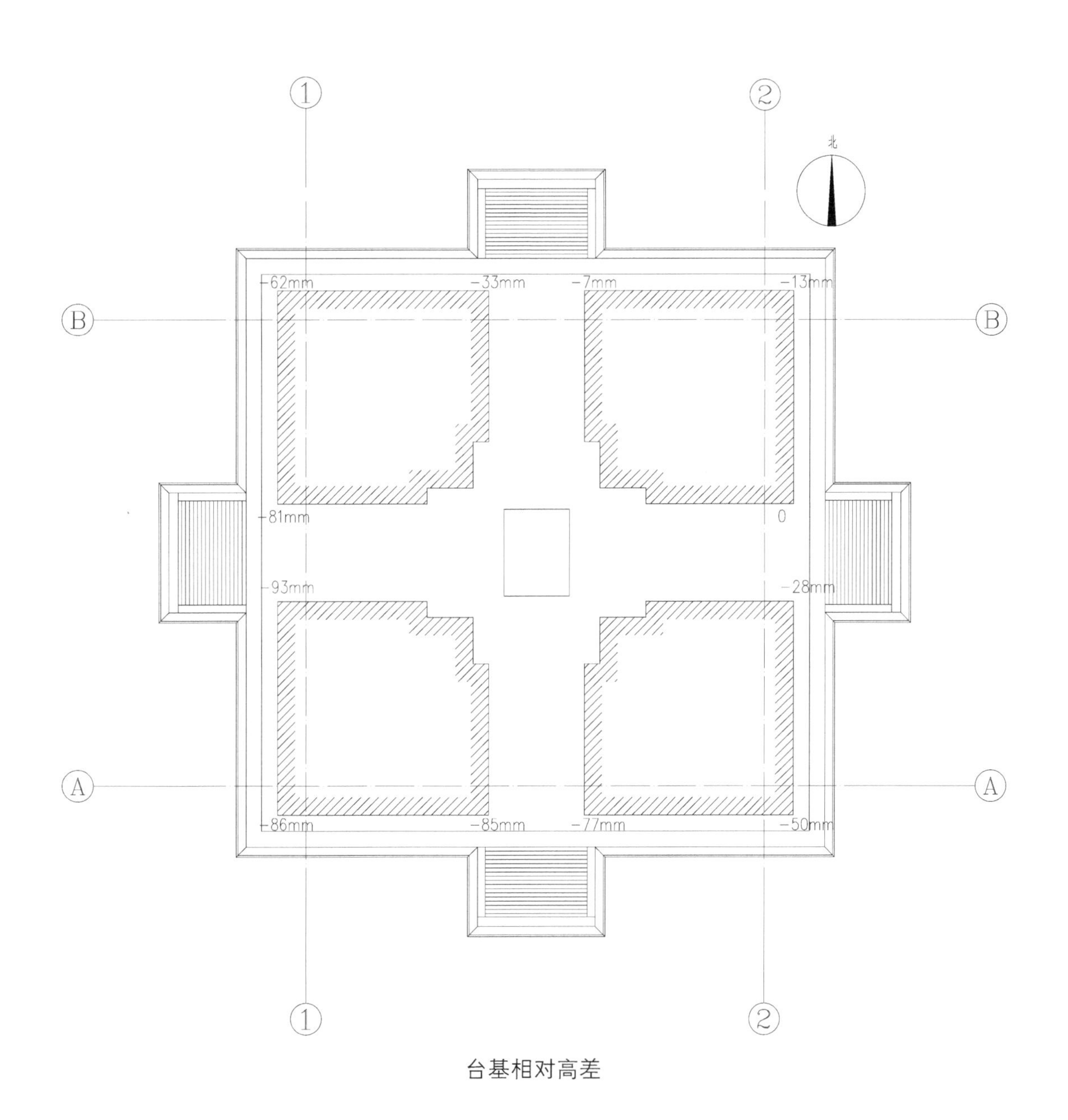

台基相对高差

6. 结构分析

6.1 地基基础

目前台基存在一定程度的不均匀沉降，对建筑上部承重结构进行检查，没有发现因地基不均匀沉降而导致的明显损伤，表明建筑的地基基础虽然存在陈旧性的沉降，但承载状况基本良好，台基已处于相对稳定的状态。

6.2 山墙

分析山墙的裂缝原因可能为：亭顶内部为实心砌体砖填充，外侧斗栱、角梁等木构件的后尾插入砌体中，上侧再砌砖墙，木构件自身之间的联系和上侧砖墙的压力使木构件保持着稳定。砖墙由于年代久远，以及上部雨水渗漏等原因，角梁后尾可能发生翘起导致砖墙受力开裂。

7. 检测鉴定结论与处理建议

7.1 检测鉴定结论

根据上面的检查结果，承重结构中存在若干残损点，已经影响了结构安全和正常使用，但尚不致立即发生危险，依据《古建筑木结构维护与加固技术规范》(GB50165—92)，可评为3类建筑，有必要采取加固或修理措施。

7.2 处理建议

（1）地基基础：建议对表面开裂的阶条石进行修补，灰缝脱落处重新勾缝。

（2）屋面：建议清除屋顶草木和碎瓦，将残缺和开裂瓦件进行修补替换、勾抿。

（3）承重拱券及山墙：由于翼角存在下垂，角梁变形、移位，建议对此部位挑顶，将角梁归安。揭瓦后详查墙体开裂程度和开裂原因，如果条件允许，建议将山墙开裂部位重新砌筑，或者在墙体开裂部位处采取加固措施，将裂缝两侧墙体拉结。

（4）斗栱：对断裂的挑檐枋可采用胶粘剂进行粘接修复，归安偏移的厢栱和瓜拱。

第四章　长陵祾恩门结构安全检测鉴定

1. 工程概况

1.1 建筑简况

明十三陵是中国明朝皇帝的墓葬群，坐落在北京西北郊昌平区境内的天寿山，始建于1409年。明长陵位于天寿山主峰南麓，是明朝第三位皇帝朱棣和皇后徐氏的合葬陵寝，在十三陵中建筑规模最大，营建时间最早，地面建筑也保存得最为完好。长陵陵宫占地约12万平方米。沿中轴线由前到后建有陵门、祾恩门、祾恩殿、内红门、两柱牌楼门、石供器、方城明楼、宝山等建筑。其中，祾恩门大木构架仍保持着明代原有的建筑形制，其主要构件，除个别因糟朽曾经更换外，大多仍系明朝原物。

长陵祾恩门，为单檐歇山建筑，面阔五间，进深二间。檐下斗拱为单翘重昂七踩式。室内明间、次间各设板门一道，稍间封以墙体。祾恩门下为汉白玉栏杆围绕的须弥座式台基。台基上是龙凤雕饰的望柱，和宝瓶及三幅云式的栏板。台基四角及各栏杆望柱之下，各设有排水用的石雕螭首。

1.2 现状立面照片

长陵祾恩门南立面

长陵祾恩门北立面

1.3 建筑测绘图纸

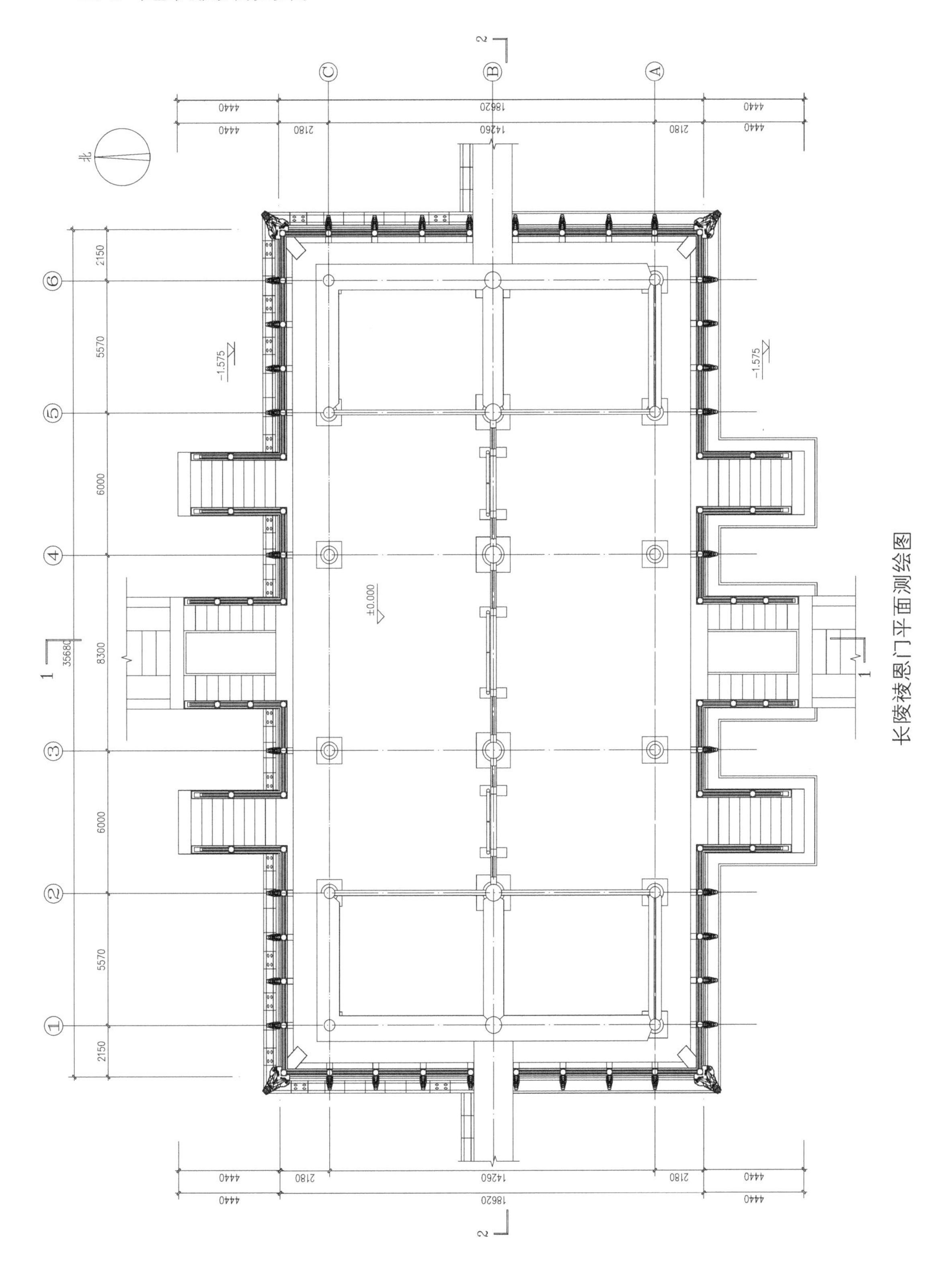
长陵祾恩门平面测绘图
北
4440
18620
2180
14260
2150
5570
6000
8300
3568
-1.575
±0.000

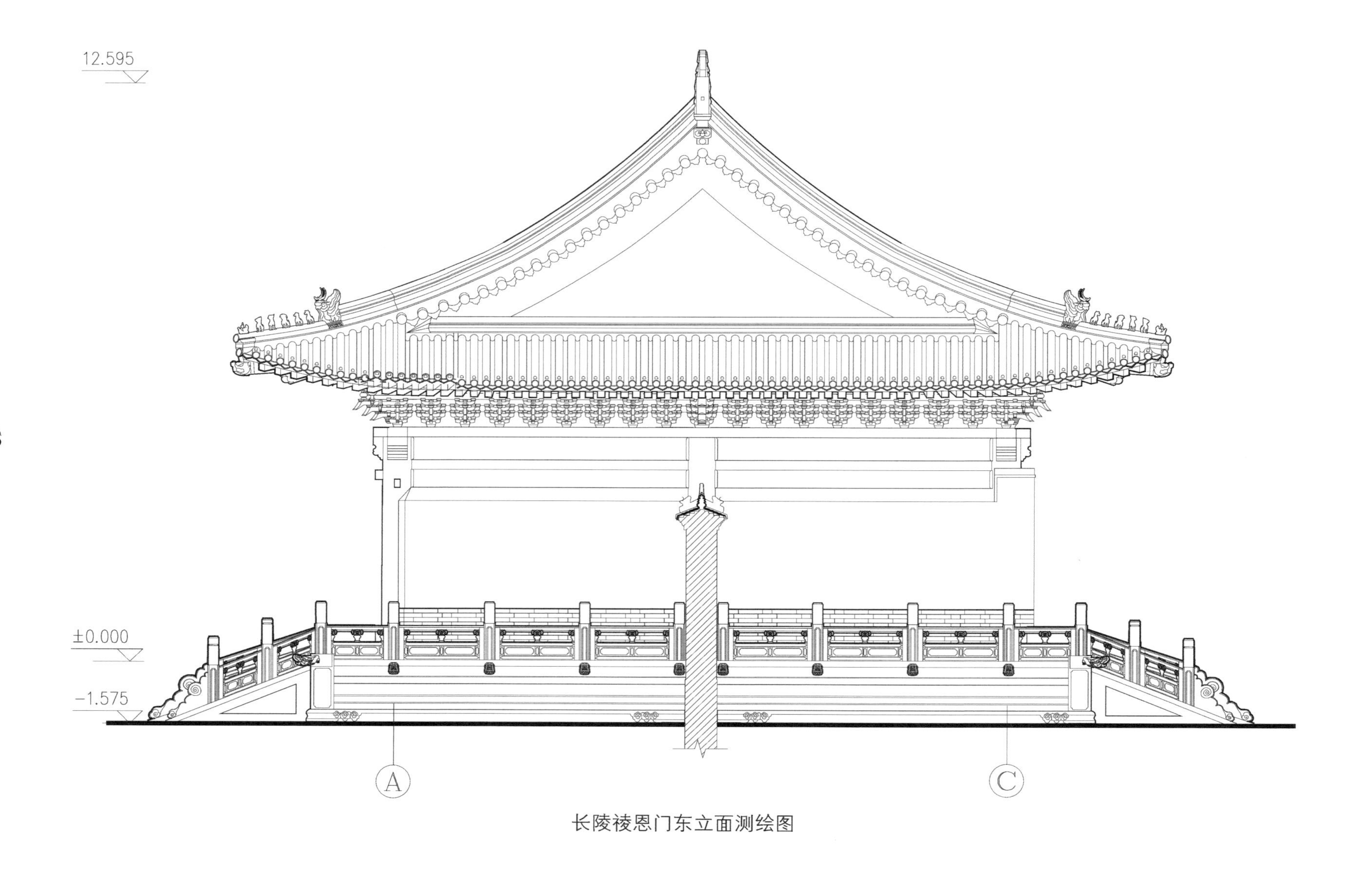

长陵祾恩门东立面测绘图

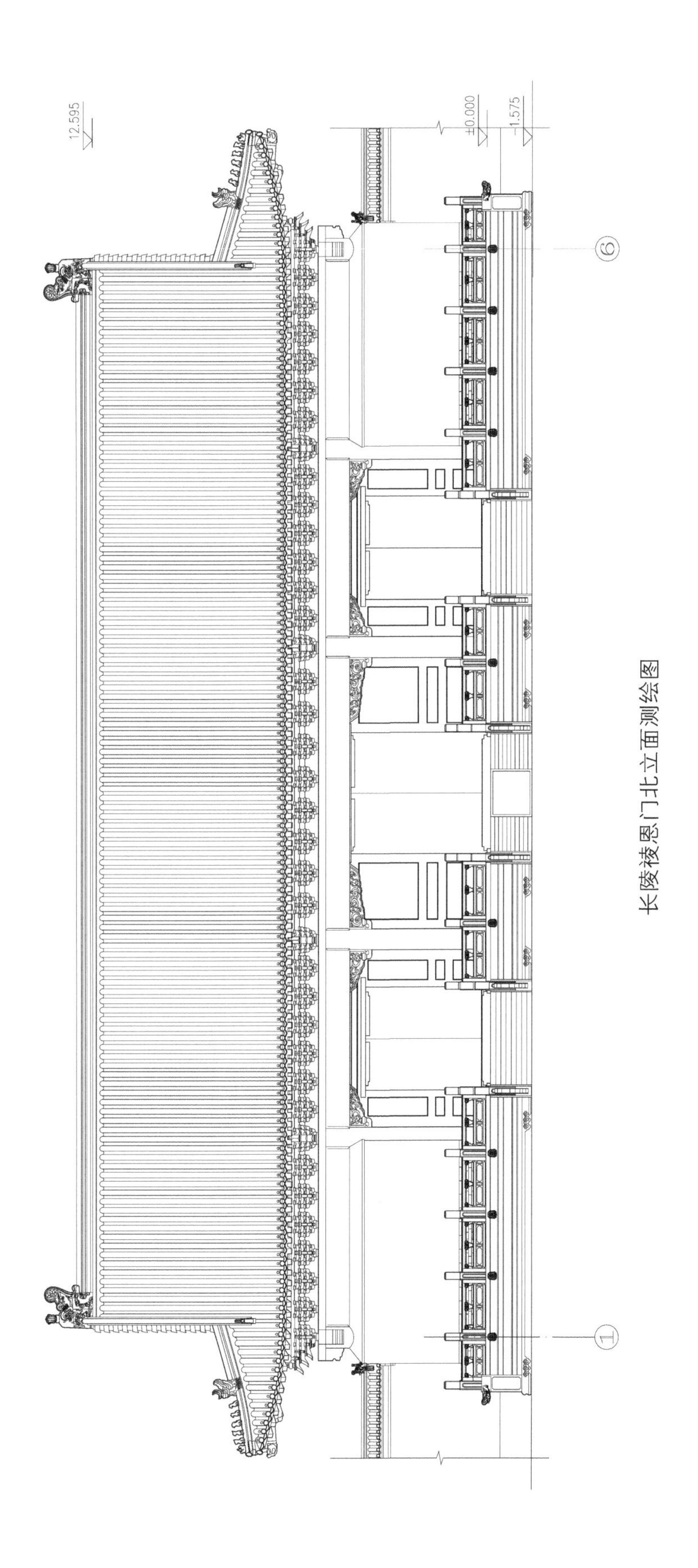

长陵祾恩门北立面测绘图

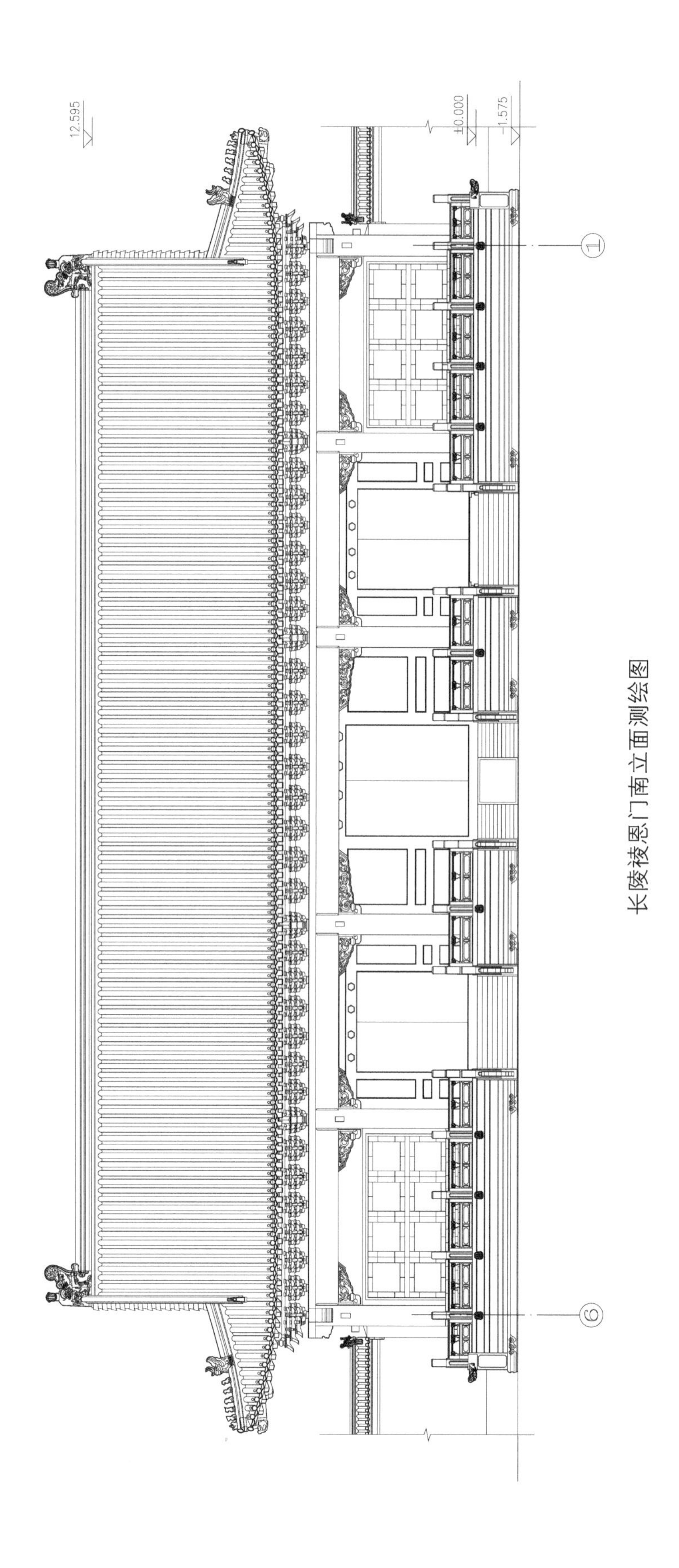

长陵祾恩门南立面测绘图

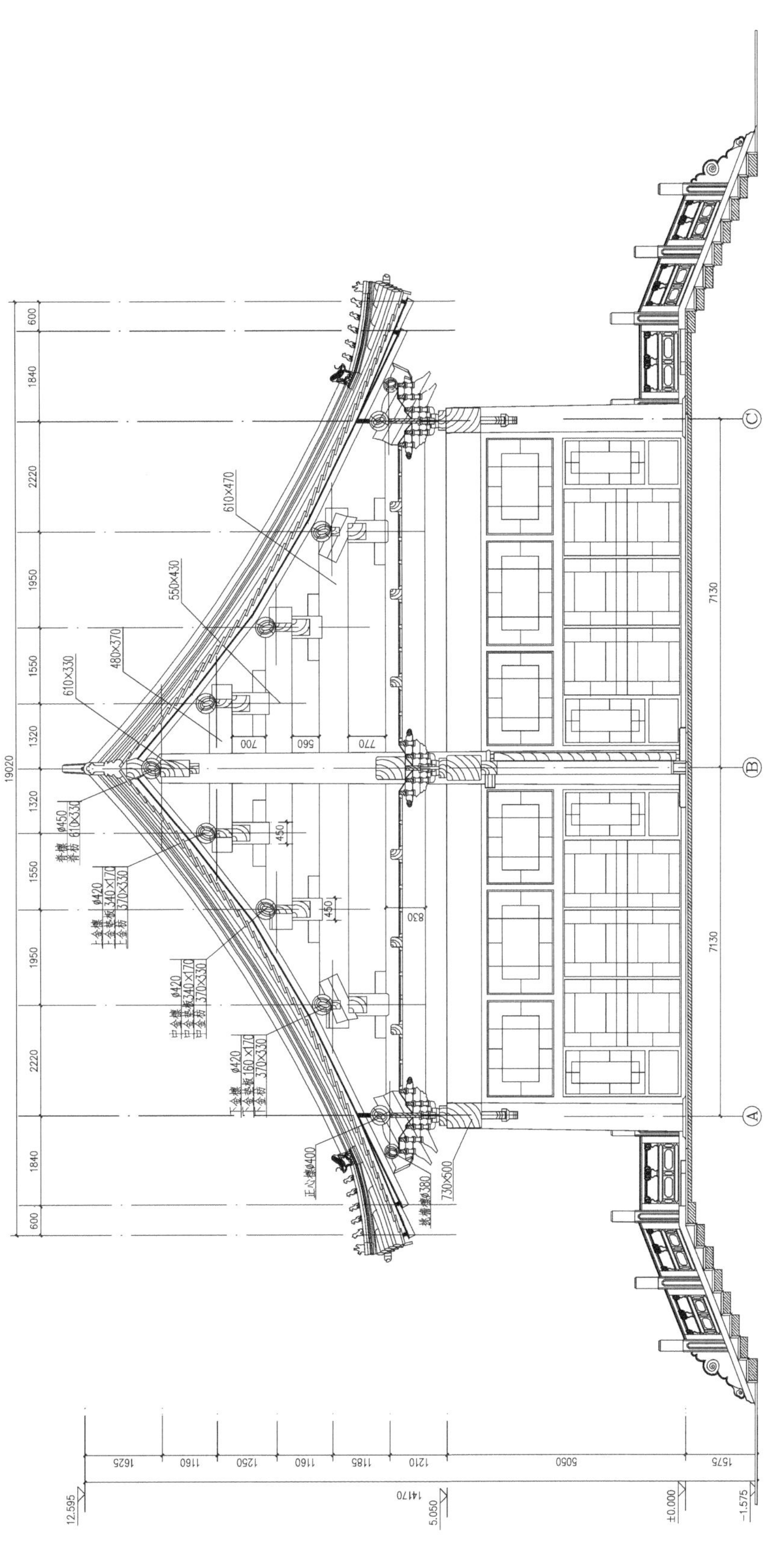

长陵祾恩门 1-1 剖面成图

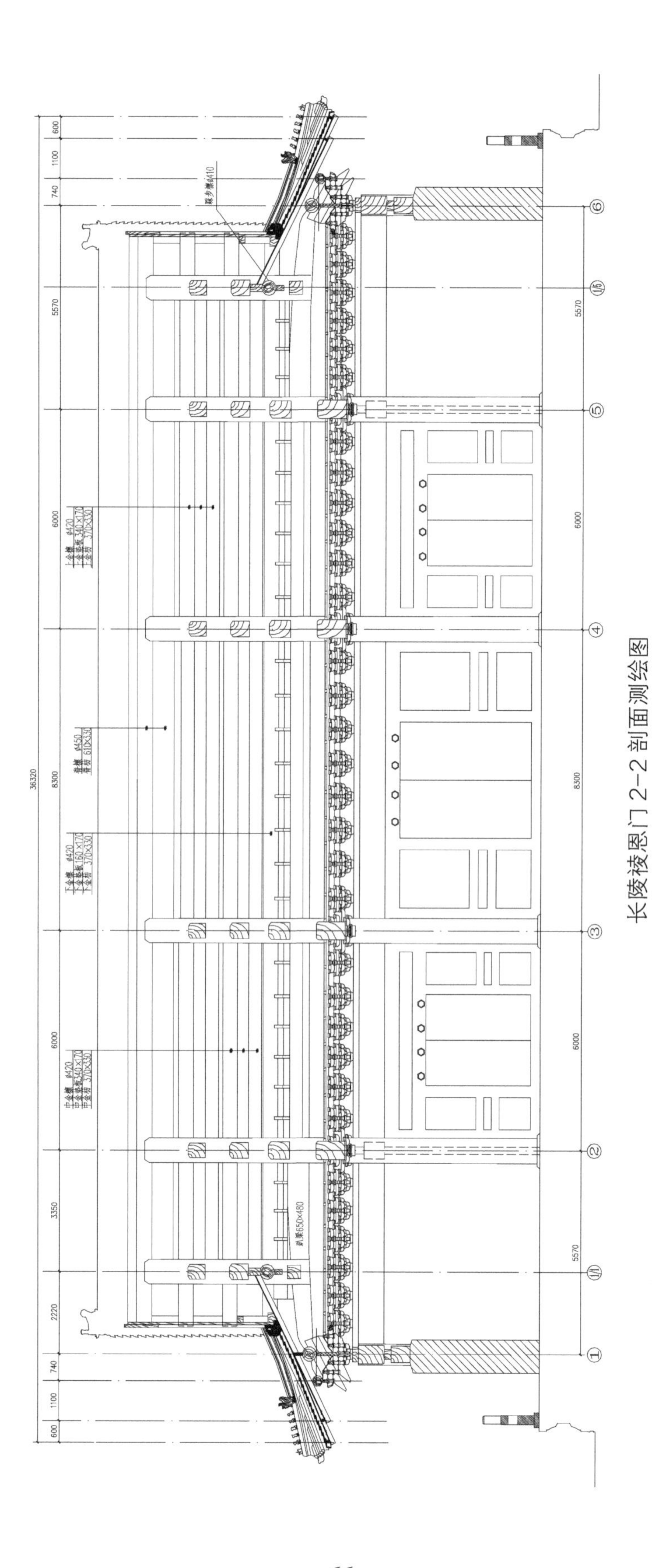

长陵祾恩门 2-2 剖面测绘图

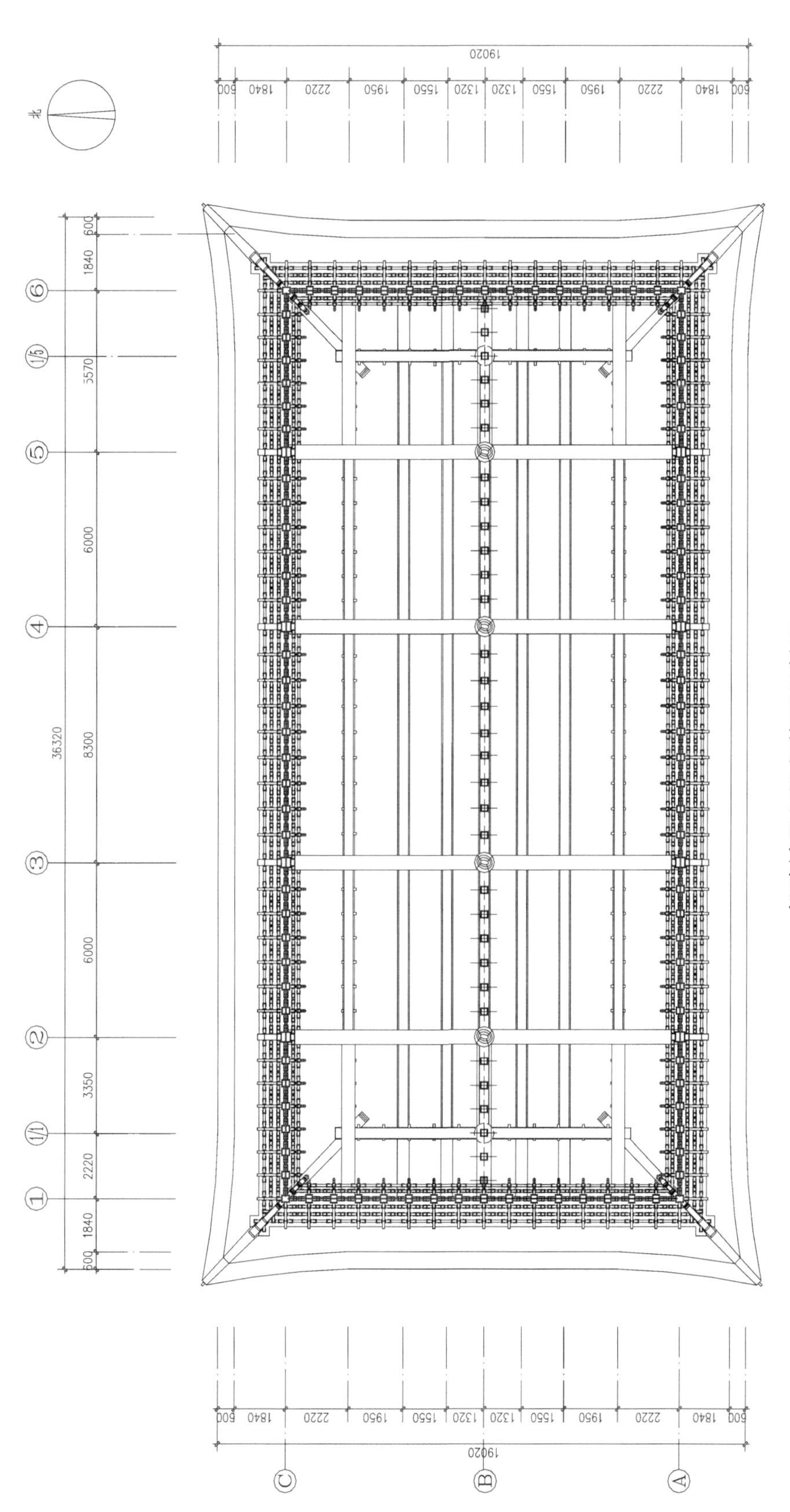

长陵祾恩门梁架镜面反射图

2. 结构振动测试

现场使用 941B 型超低频测振仪、Dasp 数据采集分析软件对结构进行振动测试，测振仪放置在 2 轴梁架的九架梁上，测试结果如下表所示。

结构振动测试结果

方向	峰值频率（赫兹）	阻尼比（%）
东西向	2.83	2.07
南北向	2.10	3.53

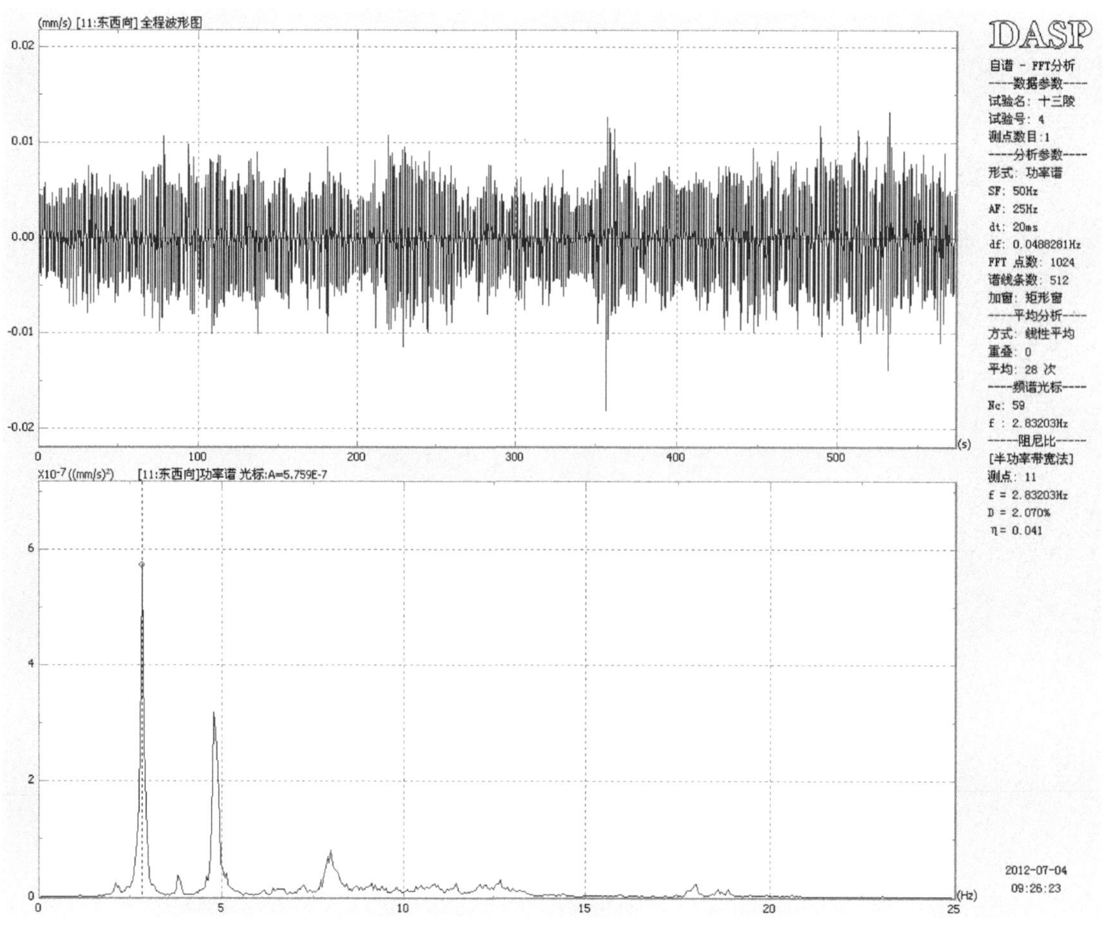

东西向测试曲线图

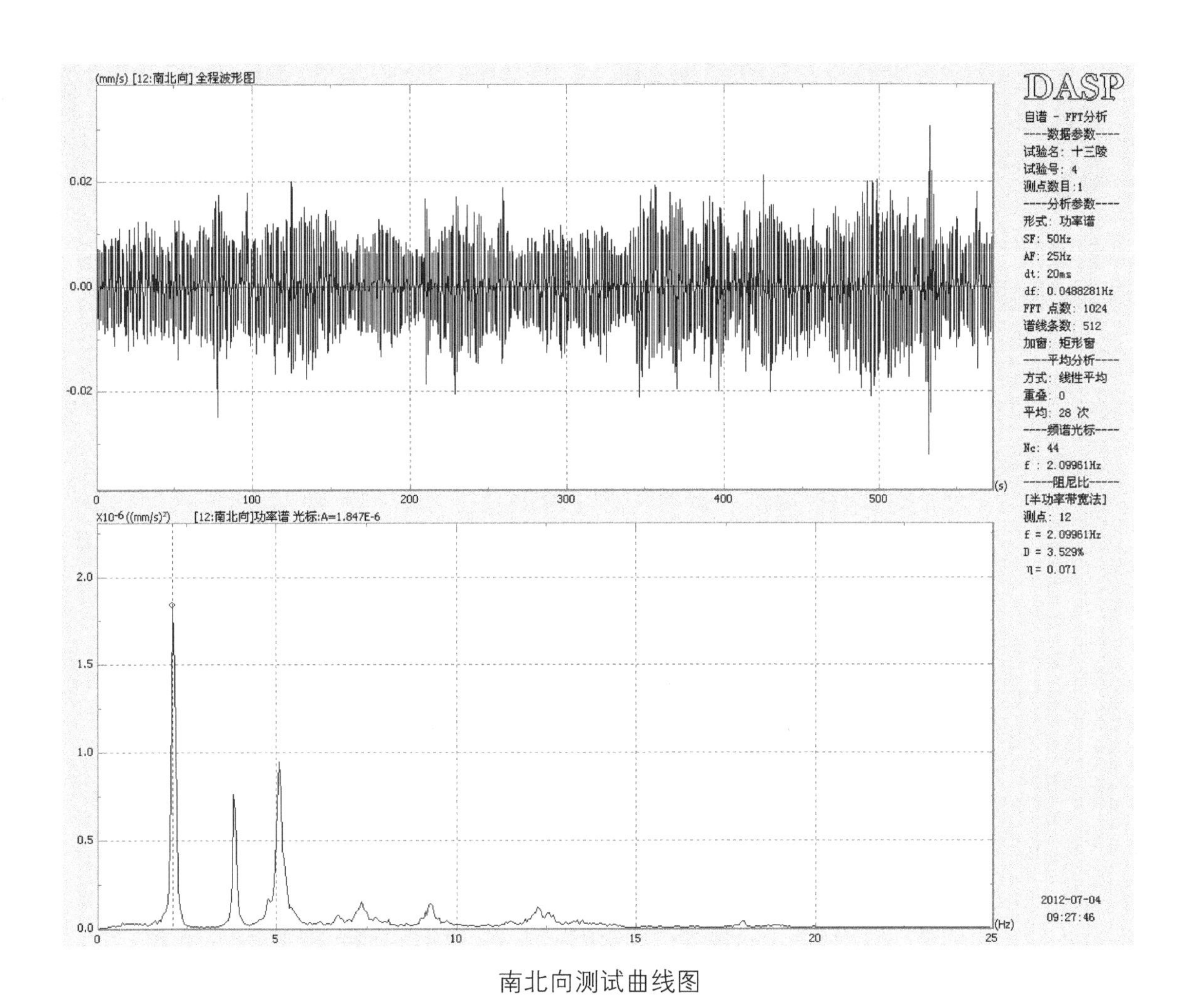

南北向测试曲线图

类似结构振动测试汇总表

结构名称	结构形式	平面尺寸（米）	方向	峰值频率（赫兹）	阻尼比（%）
长陵祾恩门	有山墙和后檐墙，面阔五间，进深三间	31.38（东西）	东西向	2.83	2.07
	柱高：5.05 米	14.26（南北）	南北向	2.10	3.53
享殿	有山墙和后檐墙，面阔五间，进深三间	66.76（东西）	东西向	1.51	2.22
	柱高：13.32 米	29.09（南北）	南北向	1.12	3.84
昭陵祾恩殿	有山墙和后檐墙，面阔外显五间，内显七间，进深外显五间，内显四间	30.46（东西）	东西向	1.95	2.62
	柱高：9.62 米	16.74（南北）	南北向	1.81	3.56
享殿东配殿	有山墙和后檐墙，面阔十五间，进深三间	9.71（东西）	东西向	2.73	4.60
	柱高：4.95 米	71.63（南北）	南北向	3.81	2.13
享殿西配殿	有山墙和后檐墙，面阔十五间，进深三间	9.71（东西）	东西向	3.13	3.66
	柱高：4.95 米	71.63（南北）	南北向	3.91	2.76

自振频率是由质量和刚度共同决定的，其中，建筑平面体型、墙体布置、柱高度、结构内部损伤等因素会影响结构的刚度。以上结构平面均为矩形，一般情况下，长边方向的刚度（抵抗变形的能力）会大于短边方向，从汇总表可以看到，全部结构均是长边方向的频率大；柱高也影响了结构的刚度，相同条件下，柱高越高，自振周期越长，频率会越低，如长陵祾恩门和昭陵祾恩殿结构平面类似，但由于昭陵祾恩殿柱高较高，相应的频率均低于长陵祾恩门。长陵祾恩门的结构振动特性基本符合规律，没有发现明显异常。

3. 地基基础勘查

现场共完成钻孔 6 个，钻孔具体位置见下图。

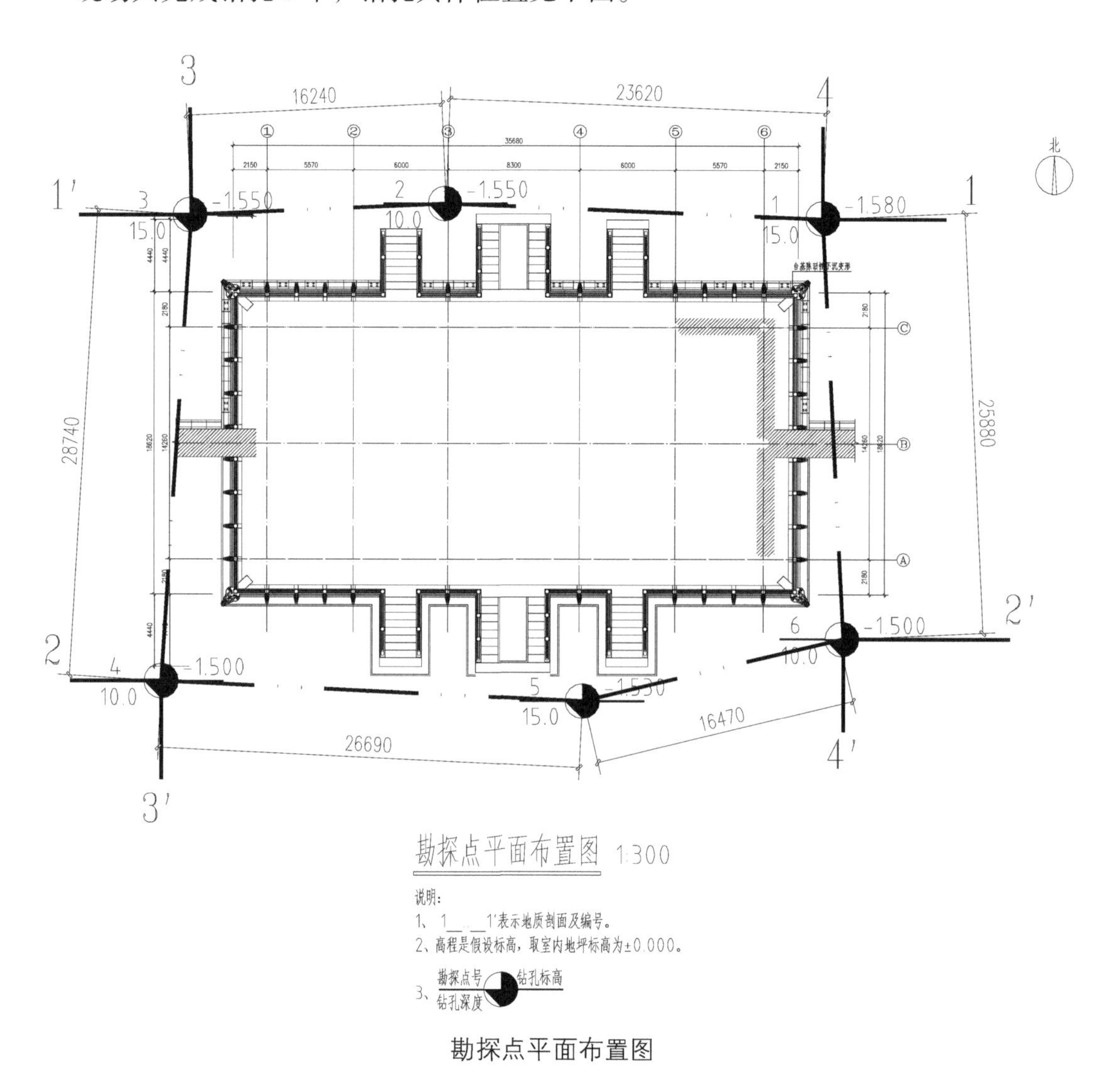

勘探点平面布置图

主要结论如下：

（1）根据本次岩土工程勘察资料，结合区域地质资料，判定建筑场地无影响建筑物稳定性的不良地质作用，为可进行建设的一般场地。

（2）场地均匀性评价：根据本次勘察现有钻探地层资料，建筑场区地基土层除人工填土外在水平方向分布均匀，成层性较好，判定为均匀地基。

（3）建筑场地上部人工填土层物理力学性质较差，压缩性高，承载力较低，不经处理不宜做地基持力层。人工填土层包括①层杂填土和①层素填土，其中杂填土层厚度一般为 0.40 米～2.10 米，素填土层厚度一般为 1.00 米～2.10 米。

（4）建筑场地抗震设防烈度为 7 度。场地土类型属于中硬土，建筑场地类别判定为Ⅱ类。当抗震设防烈度为 7 度时，本场地的地基土判定为不液化。

（5）由于地下水埋藏较深，故可不考虑地下水对混凝土和钢筋的腐蚀性。在干湿交替作用环境下，本场地土对混凝土结构具有微腐蚀性，对混凝土中的钢筋具有微腐蚀性。

（6）建筑场地地基土的标准冻结深度按 1.0 米考虑。

4. 地基基础雷达探查

采用地质雷达对结构地基基础进行探查。雷达天线频率为 300 兆赫。

（1）由雷达测试结果可见，散水外地面下侧反射波波形相对比较杂乱，但基本连续，下部没有发现明显的异常；反射波振幅衰减程度较快，表明介质比较密实；西南侧 A 处和东南侧 B 处振幅较弱，原因可能为地基土含水量相对较大，介质的介电系数提高，对电磁信号吸收相对较强，导致信号衰减，振幅变小。

（2）由雷达测试结果可见，台明下侧反射波同相轴振幅较强，基本平直连续，衰减程度较快，地面比较密实，没有发现明显的异常。

由于地面无法开挖与雷达图像进行比对，解释结果仅作为参考。考虑探测范围内介质基本均匀，介电常数取 4 时，脉冲波传播时间为 15 纳秒的相应探测深度为 1.1 米。

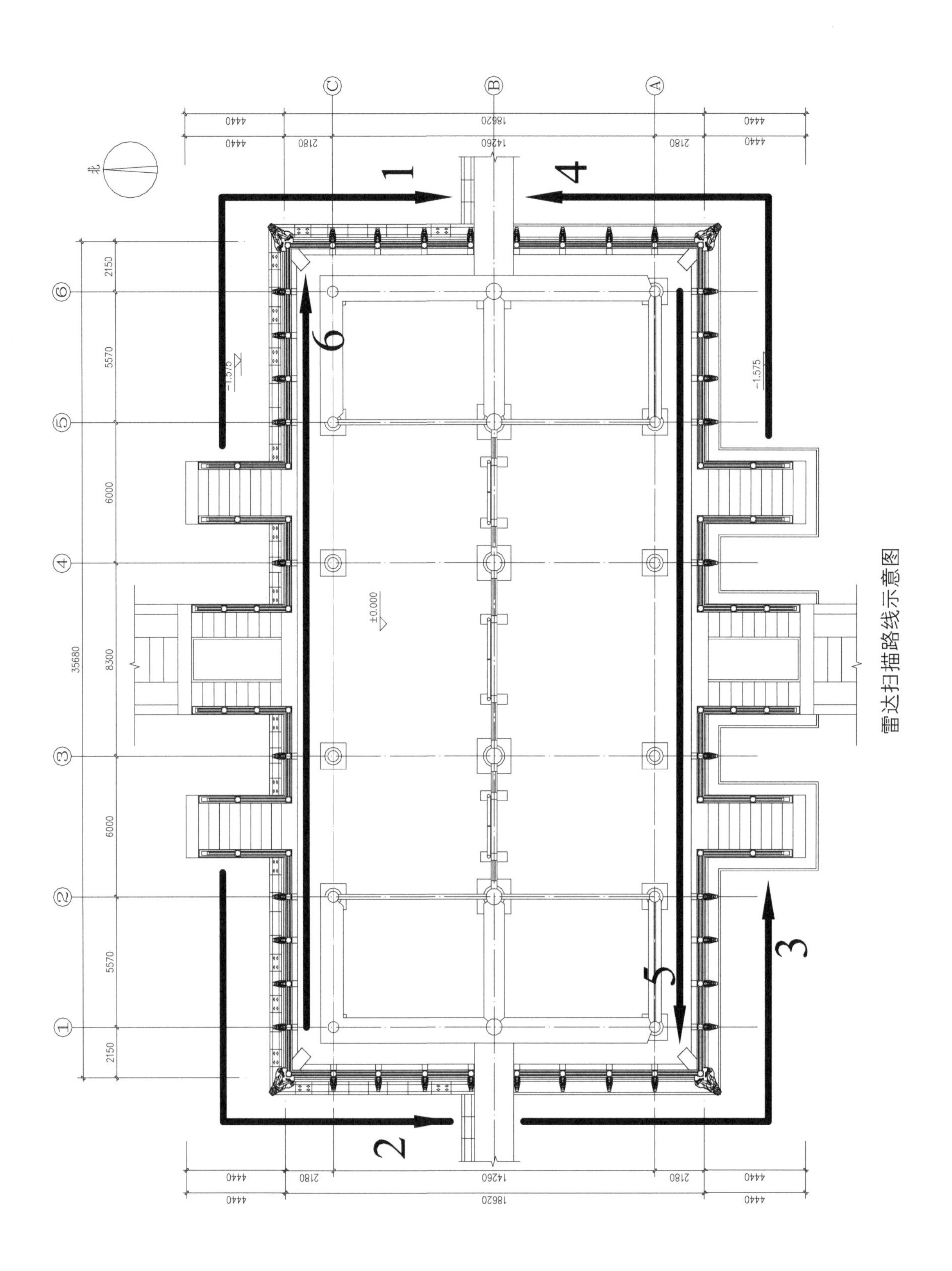
北
1
2
3
4
5
6
A
B
C
①
②
③
④
⑤
⑥
4440
18620
14260
2180
2150
5570
6000
8300
35680
±0.000
-1.575

雷达扫描路线示意图

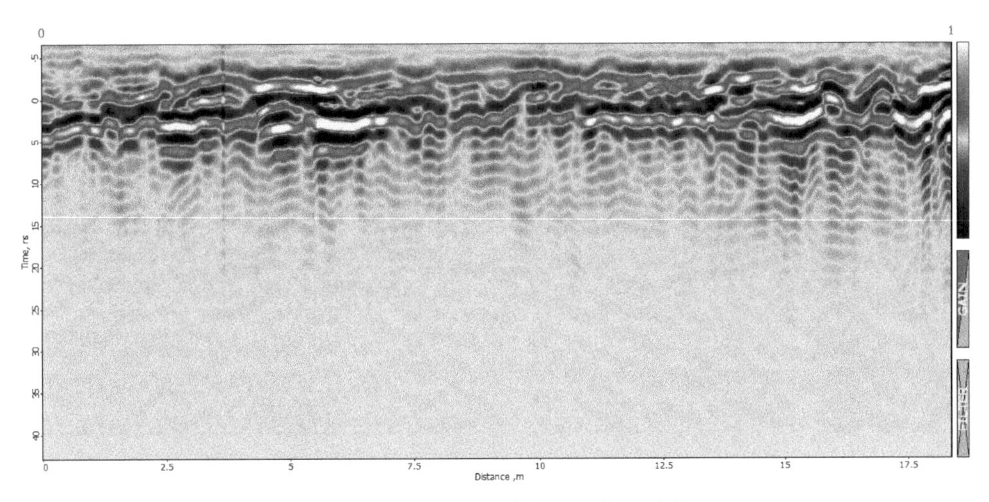

路线 1（散水外东北侧）雷达测试结果

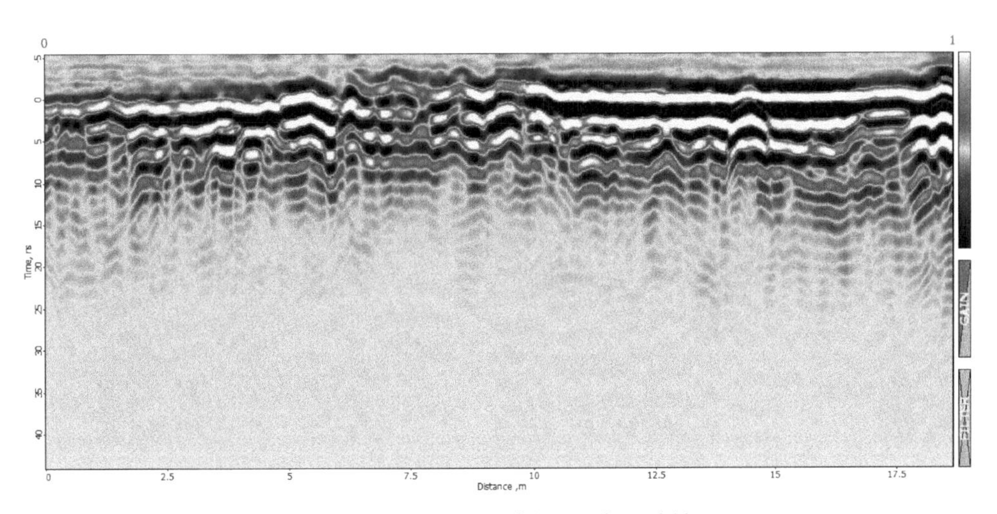

路线 2（散水外西北侧）雷达测试结果

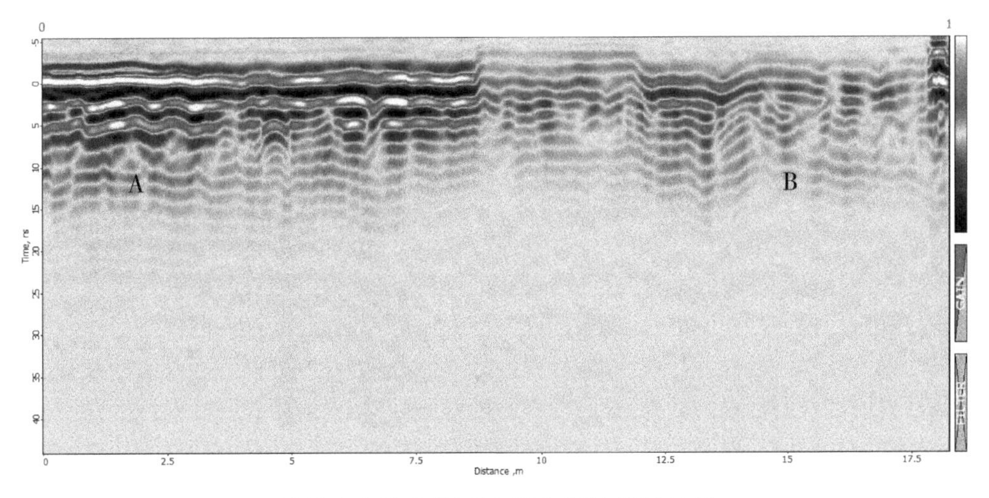

路线 3（散水外西南侧）雷达测试结果

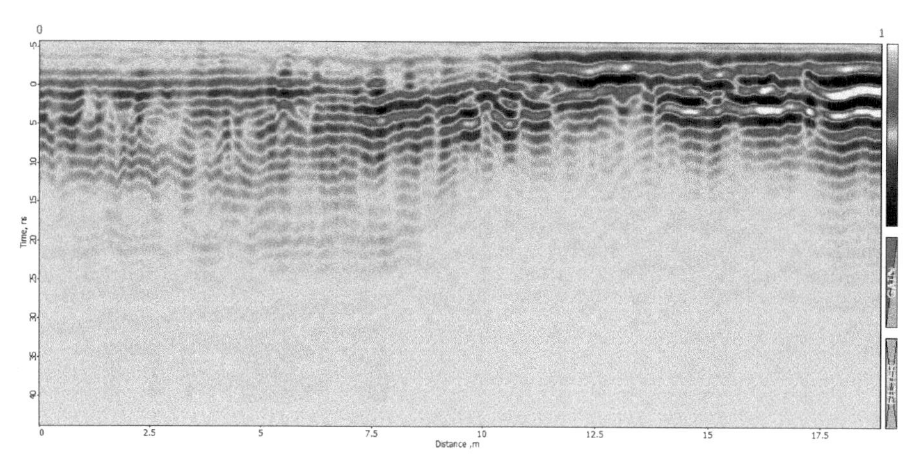

路线 4（散水外东南侧）雷达测试结果

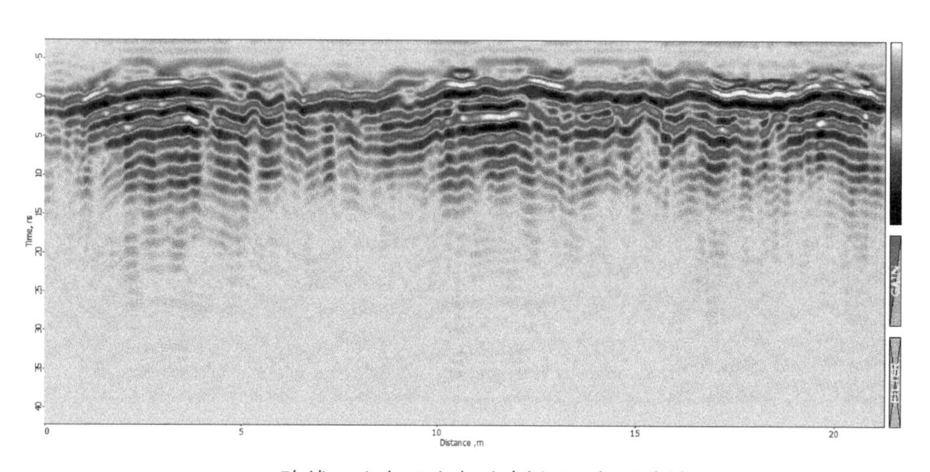

路线 5（台明上部南侧）雷达测试结果

5. 结构外观质量检查

5.1 地基基础

祾恩门台基为带勾栏的须弥座台基，台基前后各设有三出踏跺式台阶。经现场检查，残损现象如下：

（1）台基因年代久远局部存在自然坏损，如部分阶条石表面风化剥离、出现裂纹，部分栏板和望柱脱裂松动。

（2）个别台阶的垂带石和象眼石走闪。

（3）台基西北部一处台帮出现错位开裂，最下侧阶条石沿砌缝处约错位 10 毫米，但该处台基的最上层阶条石没有损坏。

长陵祾恩门阶条石表面风化（一）

长陵祾恩门阶条石表面风化（二）

长陵祾恩门栏板脱裂

长陵祾恩门望柱脱裂

长陵祾恩门台阶部分构件走闪

长陵祾恩门台阶部分构件走闪

长陵祾恩门台帮错位开裂

5.2 围护结构

祾恩门两侧山墙和后檐墙为砌体墙，经现场检查，墙体基本完好，未见明显的损坏现象。

长陵祾恩门墙体外立面（一）

长陵祾恩门墙体外立面（二）

5.3 屋盖结构

经现场检查，建筑屋盖存在的残损现象如下：

（1）屋面生有杂草，瓦件捉节灰、夹垄灰脱落，部分檐口处筒瓦断裂脱落，有掉落伤人的危险。檐口处望板、飞椽等木件多处残破糟朽。

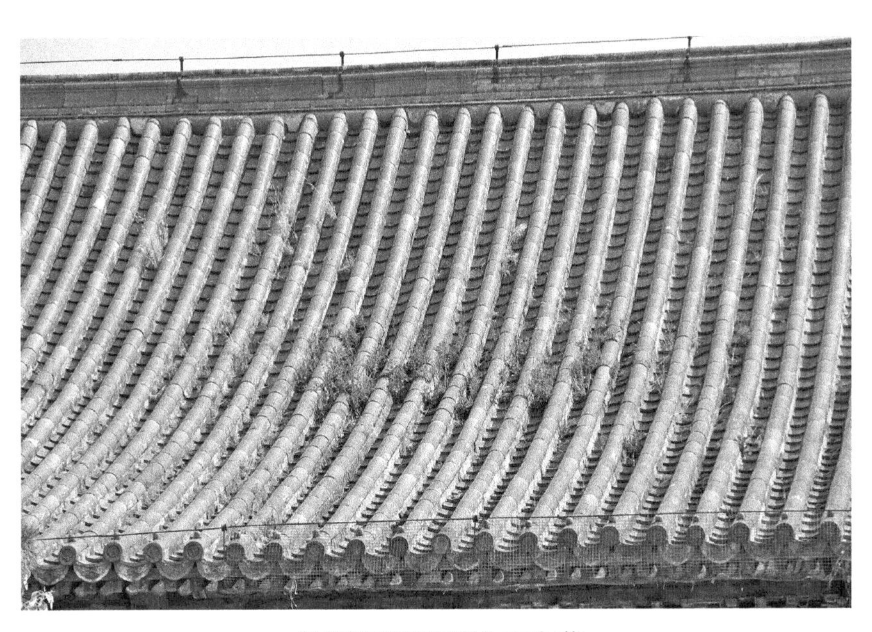

长陵祾恩门屋面生有杂草

长陵祾恩门檐口处筒瓦断裂脱落

长陵祾恩门望板糟朽

（2）屋面内部多处望板和檩椽处有渗漏痕迹，东北角处椽板糟朽。

长陵祾恩门屋面内部渗漏痕迹

（3）西次间北檐挑檐檩糟朽开裂，糟朽长度约为 1 米，糟朽面积较大，为残损点。

长陵祾恩门椽板糟朽

（4）部分檩椽存在干缩裂缝。

长陵祾恩门挑檐檩糟朽开裂

5.4 柱

木柱基本保持原状，材质良好，没有发现明显的开裂和糟朽，柱脚与柱础抵承状况良好。

长陵祾恩门木柱现状（一）

长陵祾恩门木柱现状（二）

5.5 木梁枋

木梁枋和各榀木梁架存在的残损现象如下：

（1）中柱与两侧大梁的拔榫现象比较严重，榫头最多拔出 80 毫米，多处榫卯出现拔榫、卯口下部劈裂现象。由于不具备检测条件，无法实测榫卯尺寸，依据明清常规做法，榫头长度一般为 1/3～1/2 柱径，中柱柱径约为 600 毫米，榫头最短长度则为 200 毫米，此时拔榫 80 毫米即为拔出 2/5 榫长，属于残损点范围，其余榫卯的拔榫程度小于 2/5 榫长，不属于残损点，但卯口存在劈裂的榫卯节点应评为残损点。

（2）东侧踩步檩下木枋与中柱连接的两个端头均被锯残。

（3）斗拱后尾均被锯残。

（4）东次间东北角处雀替端部开裂。

（5）部分角梁后尾被压裂。

（6）木梁架材质基本完好，没有明显的糟朽，部分梁枋存在干缩裂缝。

梁架拔榫情况统计

位置	大木架拔榫现状（毫米）				其他损伤
	单步梁	双步梁	三步梁	踩步檩下木枋	
1/1 轴梁架	30（北）、30（南）	20（北）、20（南）	—	30（北）	无
2 轴梁架	80（北）、60（南）	50（北）、20（南）	40（北）、20（南）	—	两侧单步梁与中柱连接处下部卯口均产生劈裂
3 轴梁架	50（北）、40（南）	30（北）、30（南）	30（北）、20（南）	—	北侧单步梁与中柱连接处下部卯口轻微劈裂
4 轴梁架	20（北）、40（南）	10（北）、10（南）	无拔榫	—	无
5 轴梁架	30（北）、70（南）	30（北）、40（南）	20（北）、20（南）	—	南侧单步梁与中柱连接处下部卯口轻微劈裂，梁身有轻微干裂
1/5 轴梁架	10（北）、50（南）	10（北）、20（南）	—	无拔榫	南侧单步梁与中柱连接处下部卯口轻微劈裂；踩步檩下木枋与中柱连接的两个端头均被锯残；梁身有轻微干裂

注：表中括号内南北指南侧或北侧的梁枋与中柱连接的榫卯部位。

长陵祾恩门梁架拔榫

长陵祾恩门东侧木梁架踩步檩下木枋被锯残

长陵祾恩门斗拱后尾被锯残

长陵祾恩门雀替端部开裂

长陵祾恩门西南角角梁裂缝

长陵祾恩门木梁架 1 轴现状

长陵祾恩门木梁架 2 轴现状

长陵祾恩门木梁架 3 轴现状

长陵祾恩门木梁架 4 轴现状

长陵祾恩门木梁架 5 轴现状

长陵祾恩门木梁架 6 轴现状

5.6 台基不均匀沉降

现场对房屋的柱础石上表面的相对高差进行了测量，测量结果如下图。

柱础石上表面的相对高差测量结果表明，台基存在一定程度的不均匀沉降，3-C 轴处柱础与东南角柱础的相对高差最大，为 18 毫米，沉降量未超过《建筑地基基础设计规范》(GB50007—2011) 规定的变形允许值。

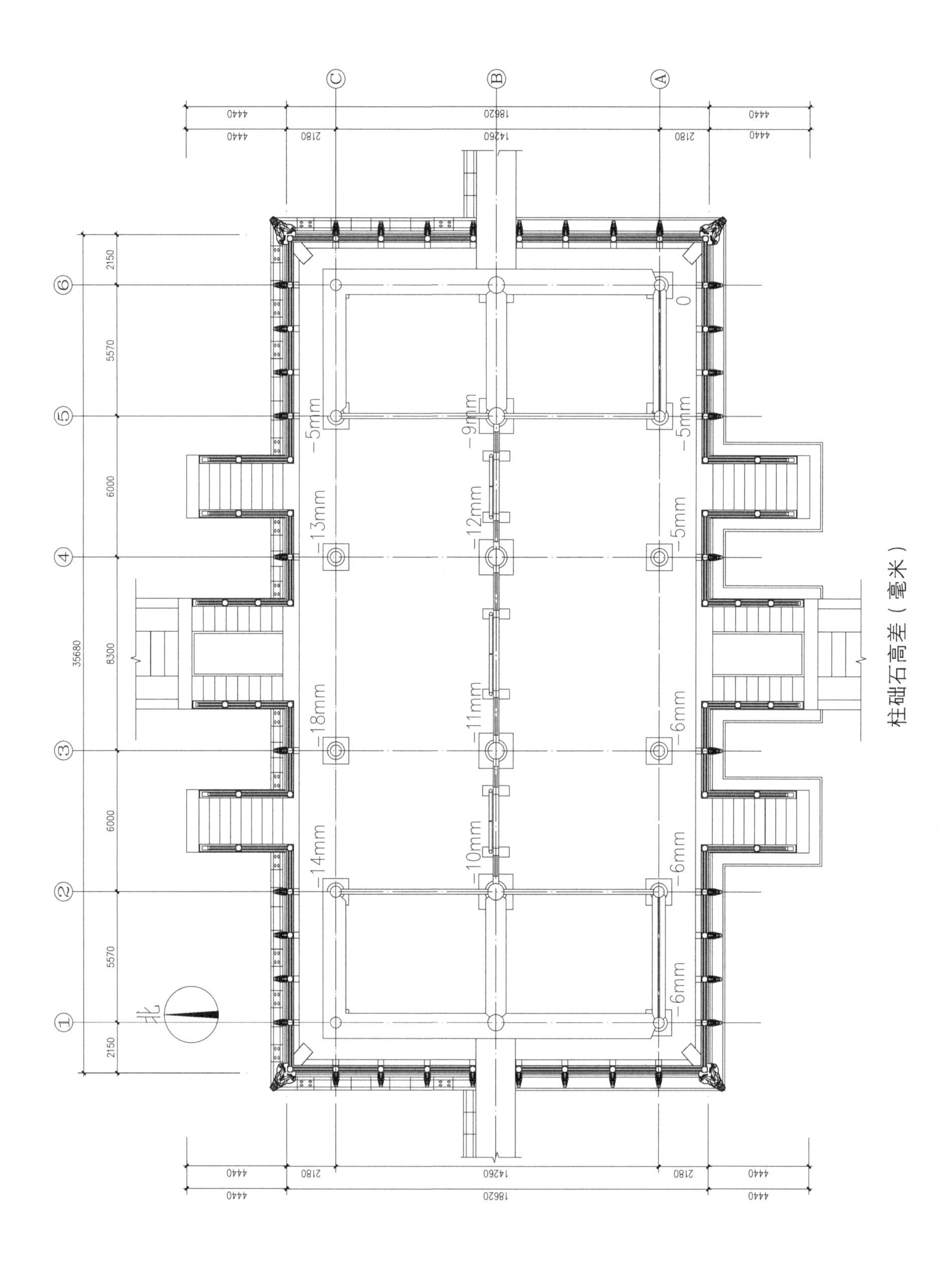
A
B
C
1
2
3
4
5
6
4440
18620
2180
14260
2150
5570
6000
8300
35680
北
0
-5mm
-9mm
-13mm
-12mm
-18mm
-11mm
-14mm
-10mm
-6mm

柱础石高差（毫米）

6. 结构分析

6.1 地基基础

经现场检查，建筑上部承重结构和围护结构没有发现因地基产生不均匀沉降而导致的明显损伤，如墙、木柱均无明显歪闪，墙无明显不均匀沉降裂缝，表明建筑的地基基础承载状况基本良好。台基错位开裂部位目前未对上部结构产生明显影响，可不采取措施，为防止意外，对此处损伤应进行持续观测。

6.2 木梁枋

梁架间的纵向连枋没有明显的松动，基本完好，各榀梁架则均出现不同程度的拔榫现象。分析原因主要为：梁架为九檩中柱式，中柱将梁架分成前后两段，两段之间的联系主要依靠单步梁、双步梁、三步梁以及抱头梁和中柱的榫卯连接，而榫卯类型均为半榫，由于半榫连接作用较差，在外力作用下容易出现拔榫现象而导致结构松散。

由于多榀梁架均出现拔榫，且呈现一定的规律性，可能还存在继续扩大的趋势，整个屋架的整体性受到了一定程度的破坏，应采取相关的加固措施。

东侧踩步檩下木枋与中柱连接的两个端头均被锯残，梁架的横向联系受到削弱。屋架的平身科斗拱均为溜金斗栱，昂向斜上方延伸，落在金枋上，增强了屋檐部分和梁架的联系，而斗栱后尾全部被人为锯残，这种联系被较大程度的削弱了。但由于此两类破坏已经经历了较长时间，现场未发现对结构产生严重不利影响，暂不判为残损点。但有条件时，应对东侧踩步檩下木枋及斗栱进行修复加固。

7. 检测鉴定结论与处理建议

7.1 检测鉴定结论

根据检查结果，承重结构中存在若干残损点，已经影响了结构安全和正常使用，但尚不致立即发生危险，依据《古建筑木结构维护与加固技术规范》(GB50165—92)，可评为3类建筑，有必要采取加固或修理措施。

7.2 处理建议

（1）地基基础：建议修复阶条石表面存在的风化、剥离等损伤，归安松动的栏板，砌缝脱落处重新勾缝。

（2）屋盖结构：由于屋面渗漏，对大木架的安全存在不利影响。建议对漏雨处瓦顶进行揭瓦修复，补配残缺瓦件；更换糟朽的望板、飞椽等木件；对糟朽的挑檐檩进行修补。

（3）木梁枋：建议对受损的角梁和雀替等构件进行修复加固；对存在干缩裂缝的构件进行嵌补处理，再用铁箍箍紧；对梁柱节点进行铁件加固，如有条件可将拔榫的木梁架归安，并对东侧踩步檩下木枋及斗栱进行修复加固。

第五章　昭陵祾恩殿结构安全检测鉴定

1. 工程概况

1.1 建筑简况

明十三陵是中国明朝皇帝的墓葬群，坐落在北京西北郊昌平区境内的天寿山，始建于1409年。昭陵于康熙三十四年（1695年）三月五日被雷火焚毁，只余台基。乾隆五十年（1785年）至乾隆五十二年（1787年）对昭陵祾恩殿进行了补盖，建为单檐歇山式建筑，面阔五间，间量缩小，柱网分布也与旧制不同。民国时期，祾恩殿遭受了严重的破坏。1987年～1990年对昭陵祾恩殿进行了复建。昭陵是陵区中唯一经过大规模修复，地面建筑最完整的陵寝。

昭陵祾恩殿，其形制为重檐庑殿顶，面阔外显五间，内显七间，进深外显五间，中显四间。下檐施单翘单昂五踩溜金斗栱，上檐施单翘重昂七踩斗拱。

1.2 现状立面照片

昭陵祾恩殿南立面

昭陵祾恩殿西立面

1.3 建筑测绘图纸

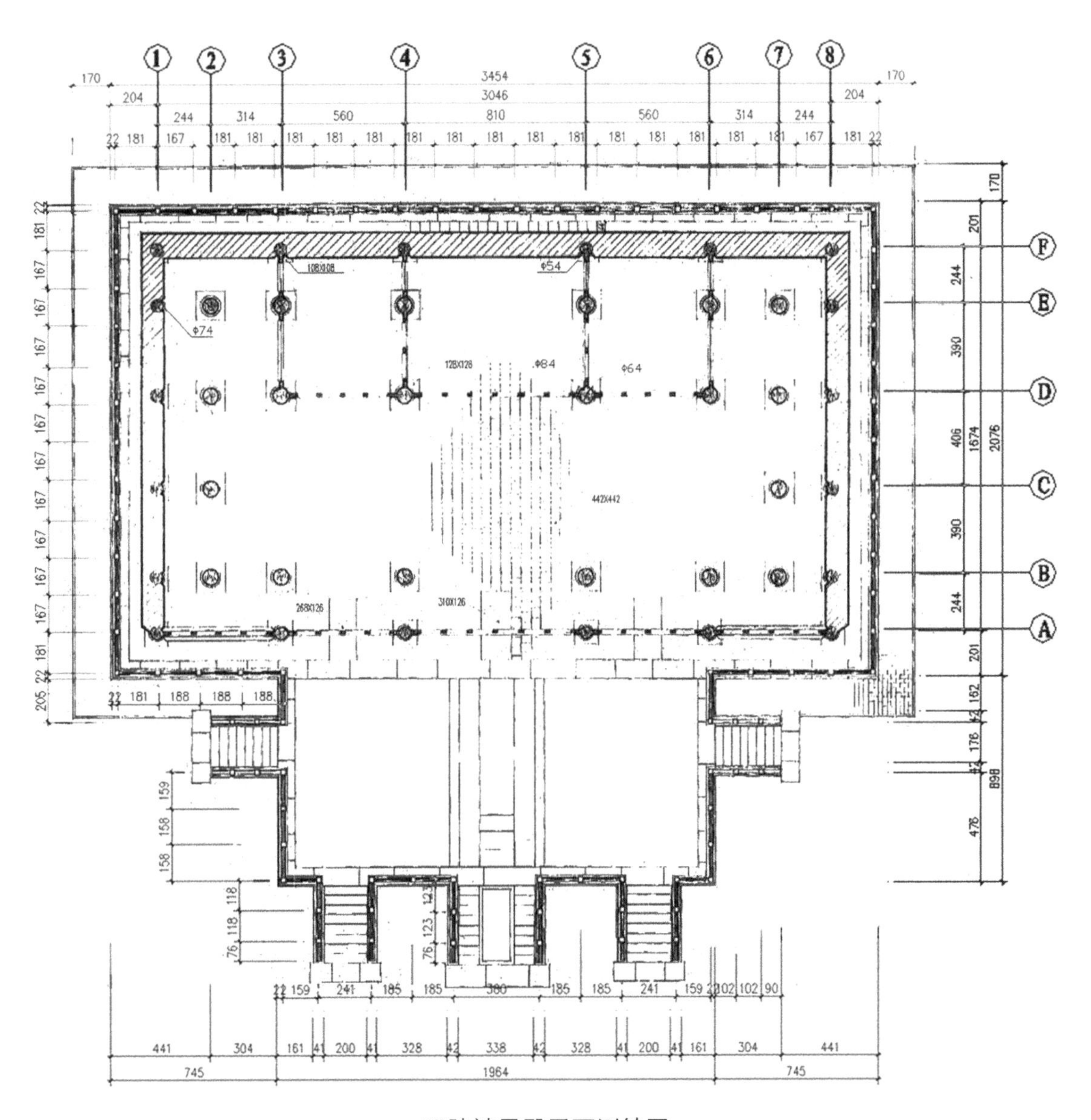

昭陵祾恩殿平面测绘图

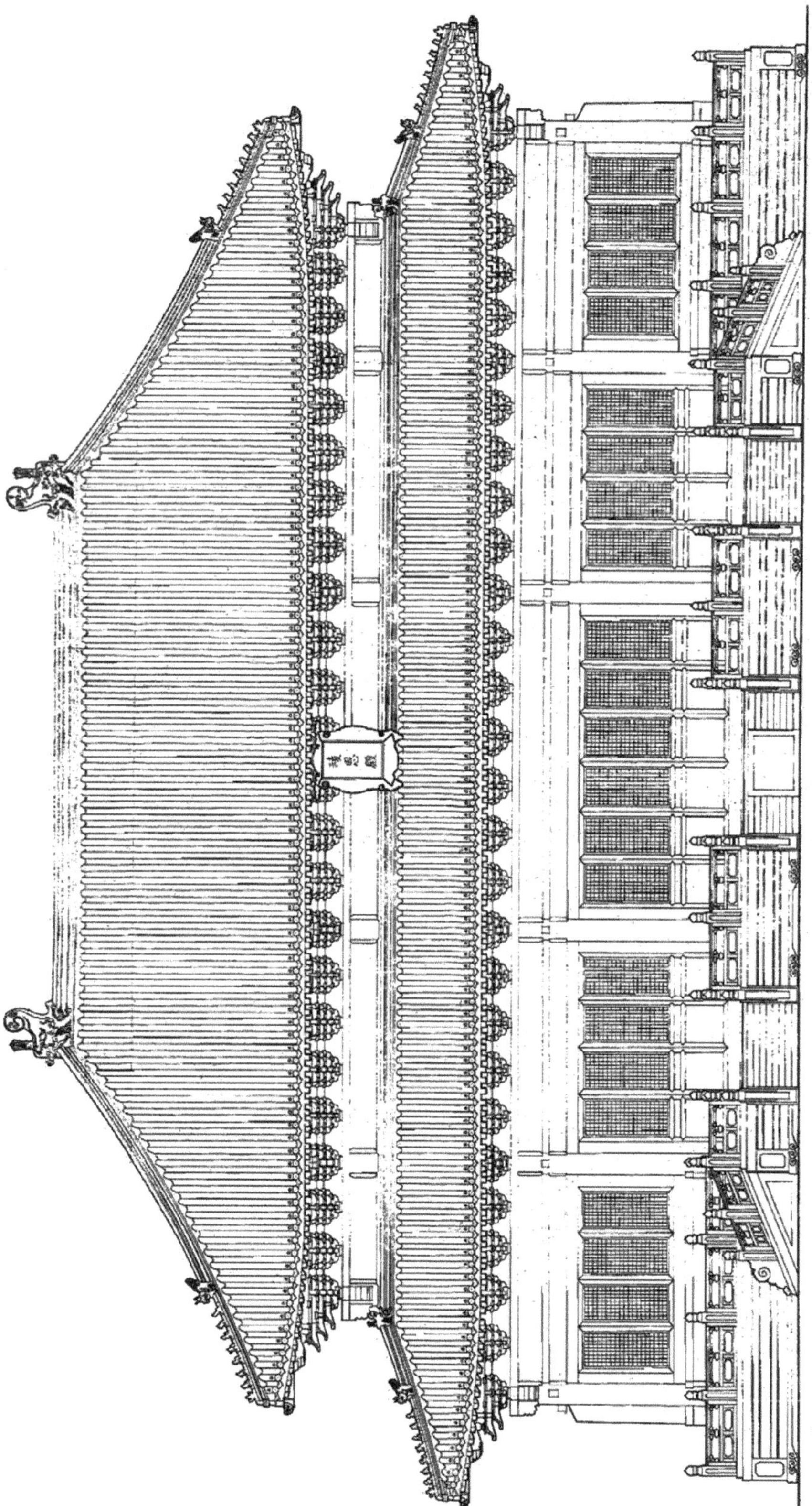

昭陵祾恩殿南立面测绘图

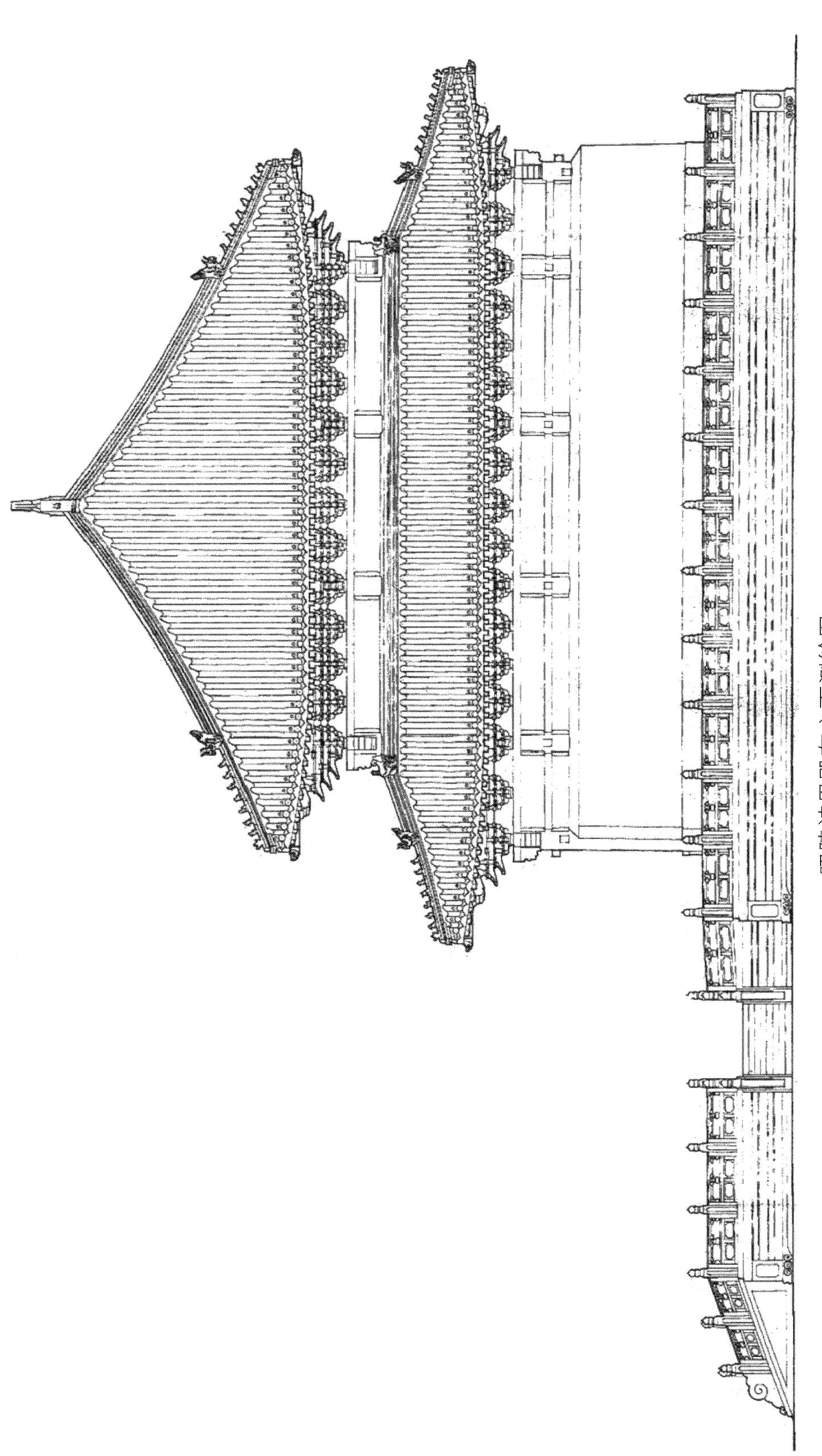

昭陵祾恩殿东立面测绘图

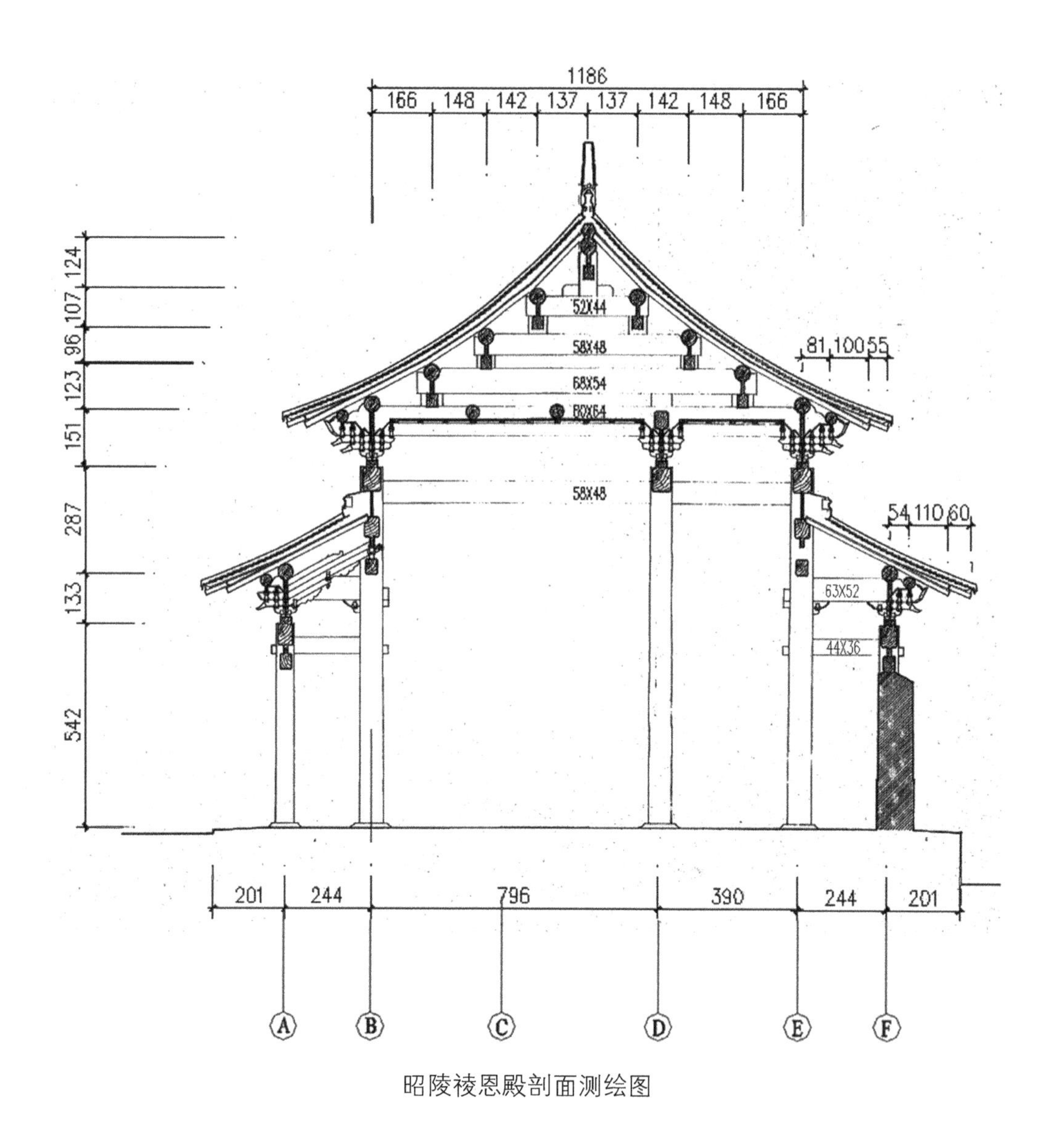

昭陵祾恩殿剖面测绘图

2. 结构振动测试

现场用 941B 型超低频测振仪、Dasp 数据采集分析软件对结构进行振动测试，测振仪放置在 6 轴梁架的九架梁上。测试结果如下：

结构振动测试结果

方向	峰值频率（赫兹）	阻尼比（%）
东西向	1.95	2.62
南北向	1.81	3.56

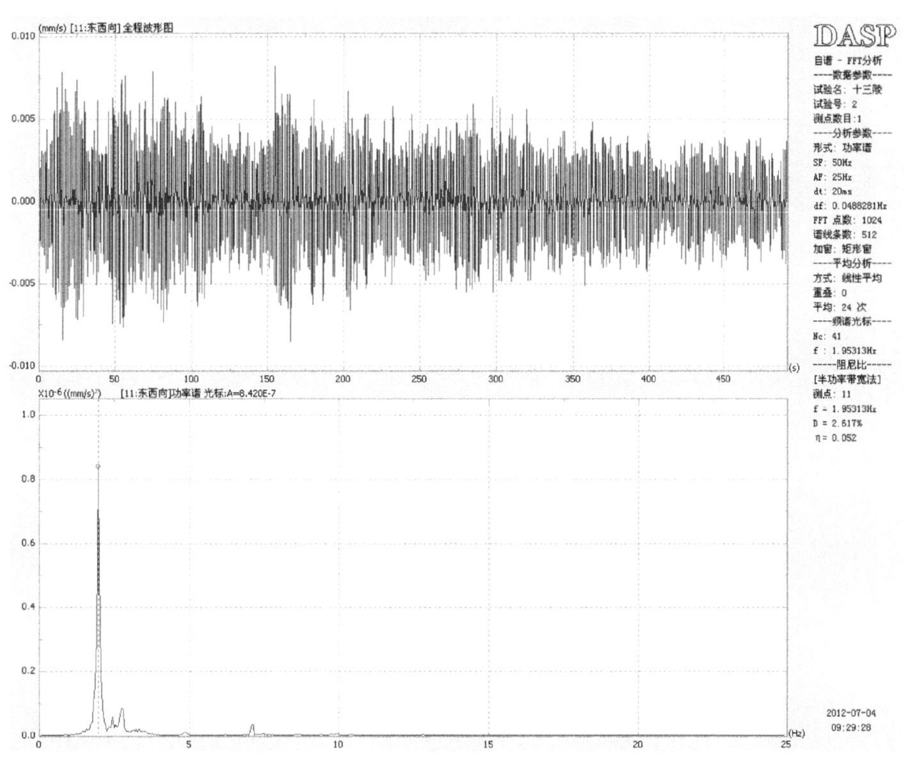

东西向测试曲线图

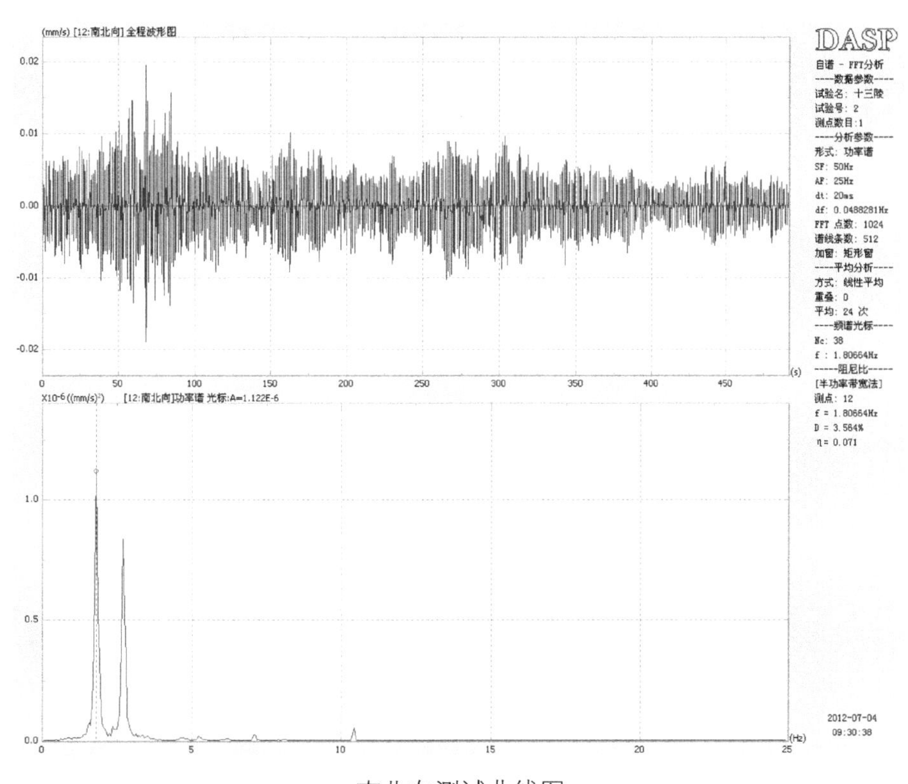

南北向测试曲线图

类似结构振动测试汇总表

结构名称	结构形式	平面尺寸（米）	方向	峰值频率（赫兹）	阻尼比（%）
昭陵祾恩殿	有山墙和后檐墙，面阔外显五间，内显七间，进深外显五间，内显四间	30.46（东西）	东西向	1.95	2.62
	柱高：9.62 米	16.74（南北）	南北向	1.81	3.56
长陵祾恩门	有山墙和后檐墙，面阔五间，进深三间	31.38（东西）	东西向	2.83	2.07
	柱高：5.05 米	14.26（南北）	南北向	2.10	3.53
享殿	有山墙和后檐墙，面阔五间，进深三间	66.76（东西）	东西向	1.51	2.22
	柱高：13.32 米	29.09（南北）	南北向	1.12	3.84
享殿东配殿	有山墙和后檐墙，面阔十五间，进深三间	9.71（东西）	东西向	2.73	4.60
	柱高：4.95 米	71.63（南北）	南北向	3.81	2.13
享殿西配殿	有山墙和后檐墙，面阔十五间，进深三间	9.71（东西）	东西向	3.13	3.66
	柱高：4.95 米	71.63（南北）	南北向	3.91	2.76

自振频率是由质量和刚度共同决定的，其中，建筑平面体型、墙体布置、柱高度、结构内部损伤等因素会影响结构的刚度。以上结构平面均为矩形，一般情况下，长边方向的刚度（抵抗变形的能力）会大于短边方向，从汇总表可以看到，全部结构均是长边方向的频率大；柱高也影响了结构的刚度，相同条件下，柱高越高，自振周期越长，频率会越低，如昭陵祾恩殿和长陵祾恩门结构平面类似，但由于昭陵祾恩殿柱高较高，相应的频率均低于长陵祾恩门。昭陵祾恩殿的结构振动特性基本符合规律，没有发现明显异常。

3. 地基基础勘查

现场共完成钻孔 6 个，钻孔具体位置见下图。

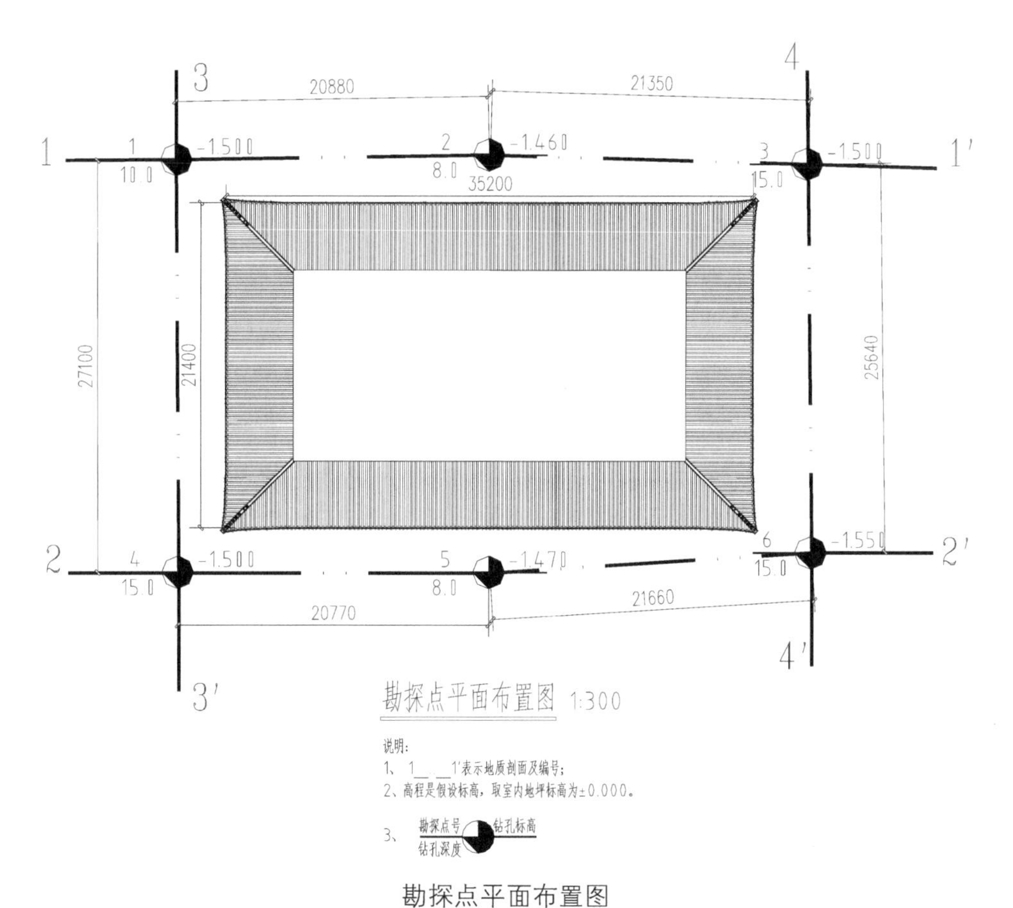

勘探点平面布置图

主要结论如下：

（1）根据本次岩土工程勘察资料，结合区域地质资料，判定建筑场地无影响建筑物稳定性的不良地质作用，为可进行建设的一般场地。

（2）场地均匀性评价：根据本次勘察现有钻探地层资料，建筑场区地基土层除人工填土外在水平方向分布均匀，成层性较好，判定为均匀地基。

（3）建筑场地上部人工填土层物理力学性质较差，压缩性高，承载力较低，不经处理不宜做地基持力层。人工填土层包括①层杂填土和①层素填土，其中杂填土层厚度一般为 0.70 米～1.30 米，素填土层厚度一般为 0.40 米～1.50 米。

（4）建筑场地抗震设防烈度为 7 度。场地土类型属于中硬土，建筑场地类别判定为Ⅱ类。当抗震设防烈度为 7 度时，本场地的地基土判定为不液化。

（5）由于地下水埋藏较深，故可不考虑地下水对混凝土和钢筋的腐蚀性。在干湿交替作用环境下，本场地土对混凝土结构具有微腐蚀性，对混凝土中的钢筋具有微腐蚀性。

（6）建筑场地地基土的标准冻结深度按 1.0 米考虑。

4. 地基基础雷达探查

采用地质雷达对结构地基基础进行探查。雷达天线频率为 300 兆赫。

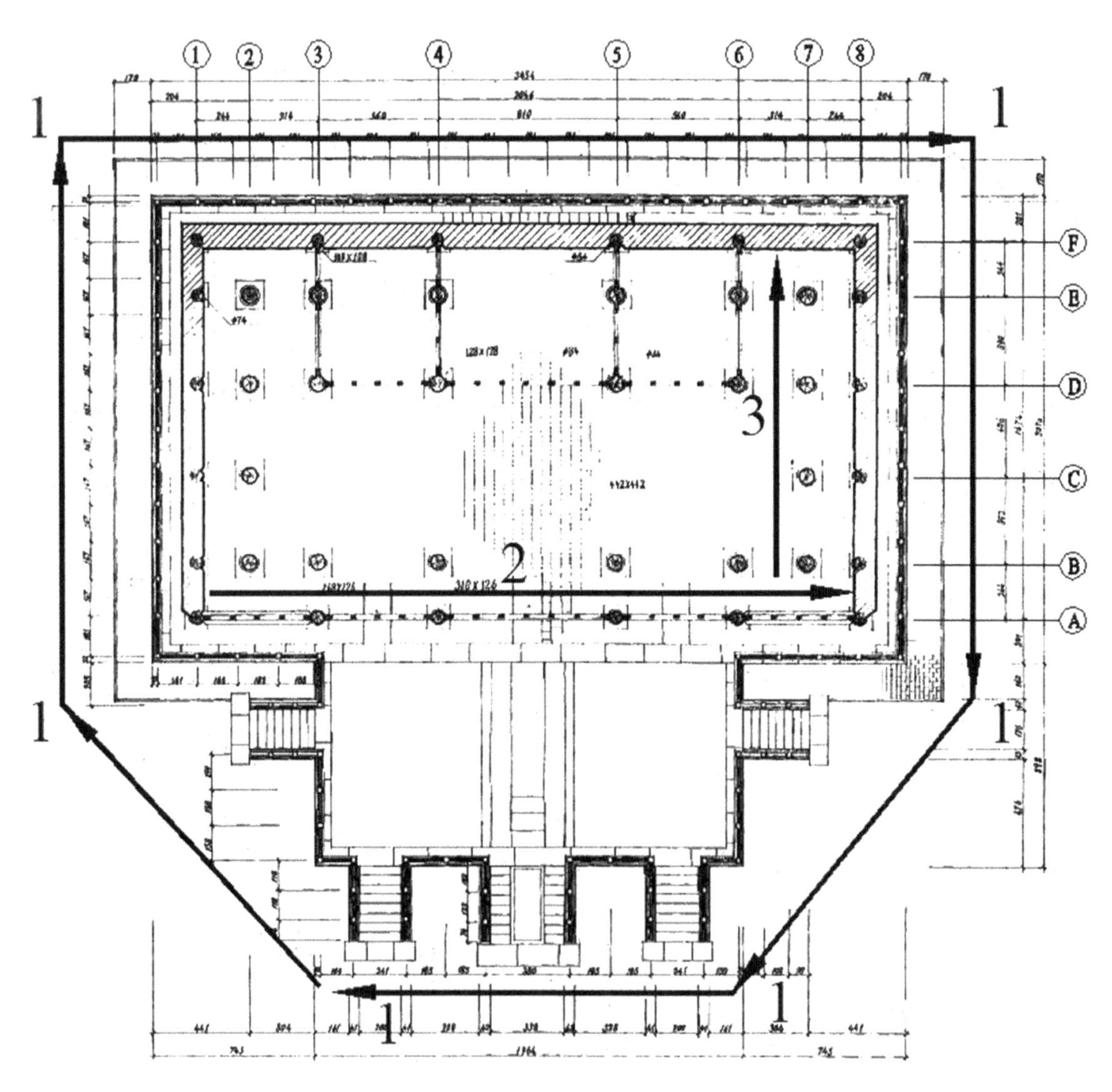

雷达扫描路线示意图

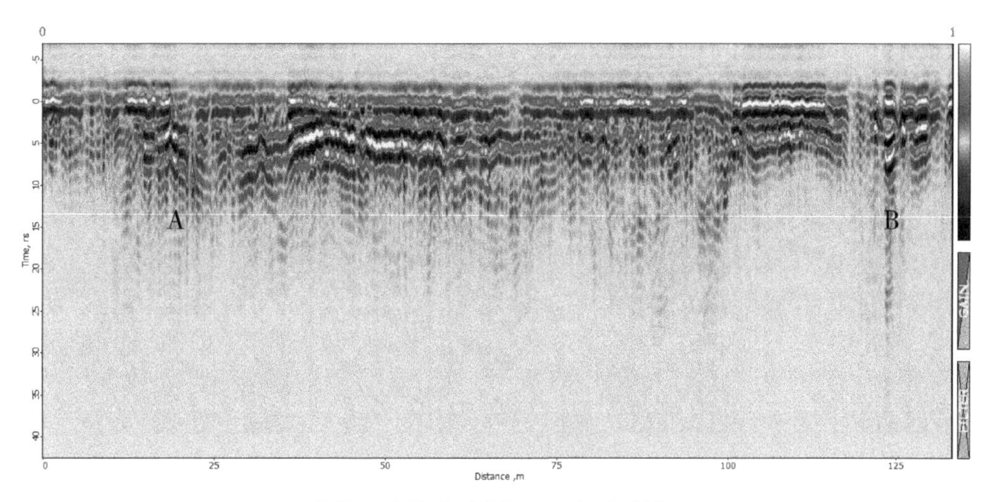

路线 1（散水外侧）雷达测试结果

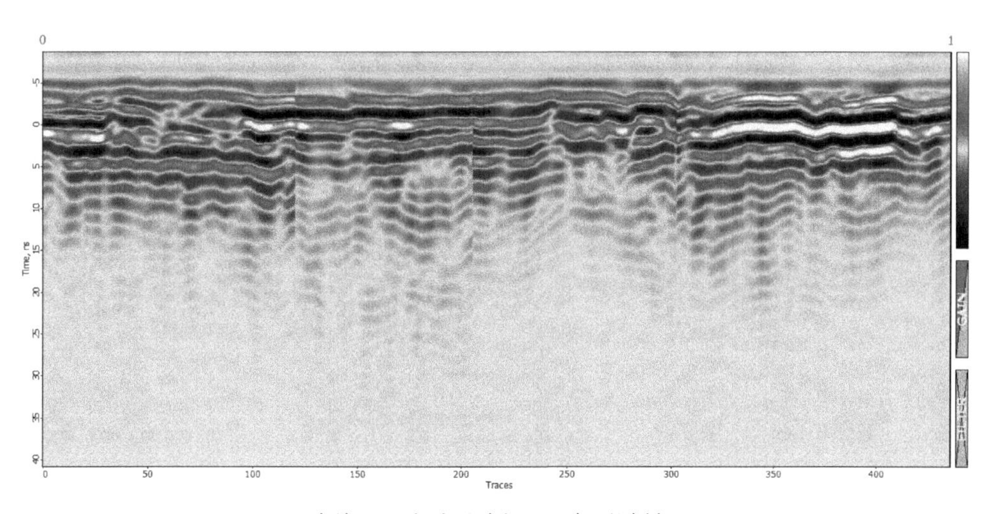

路线 2（室内南侧）雷达测试结果

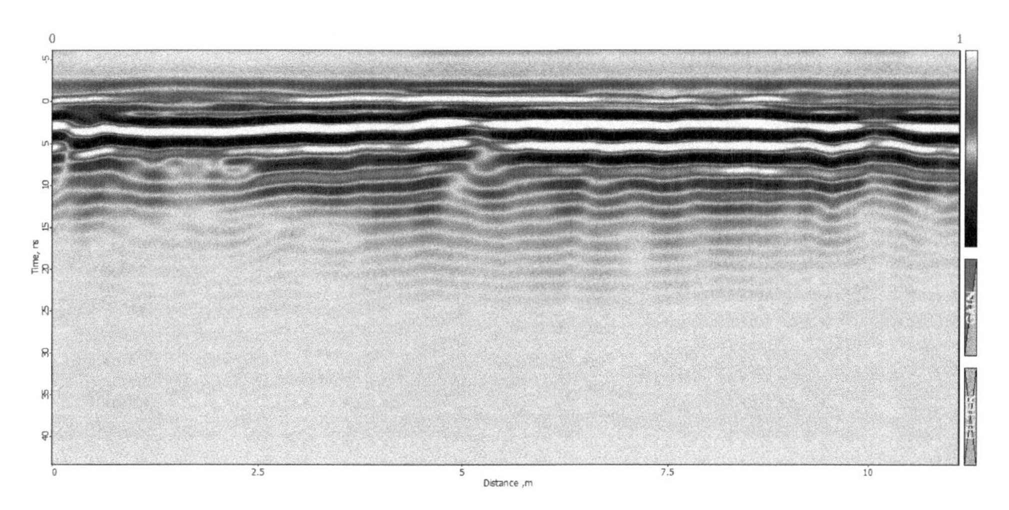

路线 3（室内东侧）雷达测试结果

（1）由雷达测试结果可见，散水外地面下侧反射波波形局部相对比较杂乱，同相轴起伏不平，但基本连续，没有发现明显的地基缺陷的迹象。另外，西南侧 A 处和东南侧 B 处信号振幅较弱，原因可能为地基土含水量相对较大，介质的介电系数提高，对电磁信号吸收相对较强，导致信号衰减，振幅变小。

（2）由雷达测试结果可见，室内地面反射波同相轴振幅较强，基本平直连续，衰减程度较快，地面比较密实，没有发现明显的异常。

由于地面无法开挖与雷达图像进行比对，解释结果仅作为参考。考虑探测范围内介质基本均匀，介电常数取 4 时，脉冲波传播时间为 15ns 的相应探测深度为 1.1 米。

5. 结构外观质量检查

5.1 地基基础

祾恩殿台基为带勾栏的须弥座台基，从外观检查，台基外表局部存在自然坏损，部分阶条石表面出现裂纹，但其中多数已经过粘补，少量砌缝脱落，栏板望柱为后补，基本完好，个别踏跺开裂，抱鼓石松动。台基未见因承载性能不良引起的裂缝和变形。

昭陵祾恩殿粘补痕迹

昭陵祾恩殿阶条石裂缝

昭陵祾恩殿踏跺开裂

昭陵祾恩殿抱鼓石脱裂松动

5.2 围护结构

祾恩殿两侧山墙和后檐墙为砖墙，经现场检测，后檐墙外墙面存在几处竖向的裂缝，裂缝宽约 2 毫米，裂缝位于包砌柱子外，个别裂缝基本上下贯通。其他部位的墙体基本完好，没有明显开裂和鼓闪变形。

昭陵祾恩殿墙体外立面

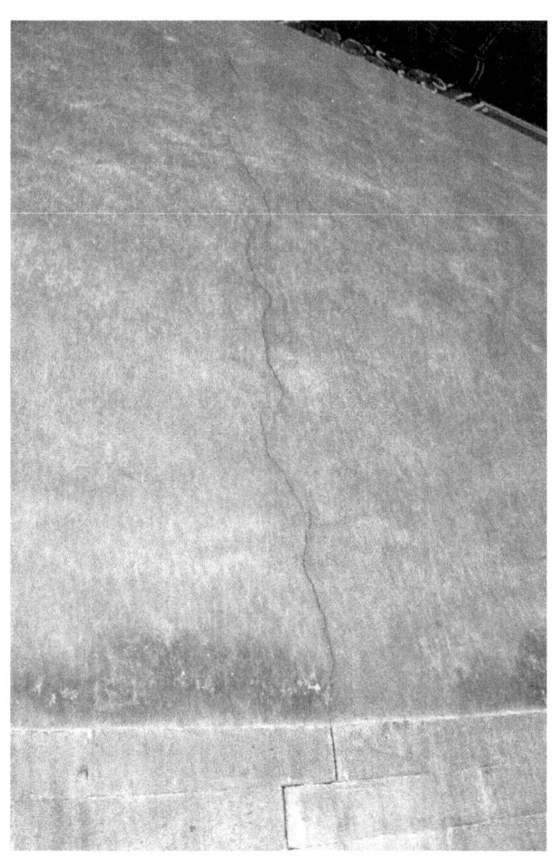

昭陵祾恩殿墙体竖向裂缝（一）

昭陵祾恩殿墙体竖向裂缝（二）

5.3 屋盖结构

屋面存在的残损情况如下：屋面杂生草木，部分瓦件灰缝开裂脱落，瓦面出现滑坡，檐口处望板、瓦口、连檐等木件多处残破糟朽；屋顶内部未发现明显渗漏的痕迹；檩椽等木构件表面干缩裂缝较多。

昭陵祾恩殿檐头瓦件下滑

昭陵祾恩殿望板、瓦口、连檐等木件糟朽

昭陵祾恩殿屋顶内部情况

5.4 柱

经检查，木柱存在以下残损：多根木柱出现干缩裂缝，裂缝多数处于梁柱连接处卯口下侧，部分贯穿柱身；部分柱脚糟朽；部分柱身地仗龟裂脱落。柱残损情况统计见下表。

根据检查结果，10 根柱子出现了较明显的干缩裂缝，经测量，裂缝宽度均小于 1/2 柱径，且裂缝宽度不大于 10 毫米，但由于裂缝多处于梁柱连接处卯口下侧的剪切面上，处于柱的关键受力部位，在长期的荷载作用下，干缩裂缝有进一步发展的可能，危险性较大，将发生此类开裂的柱子判为残损点。

有 4 处柱脚出现明显糟朽，糟朽面积小于柱总面积的 1/5，未超过规范的限制。

柱残损情况

编号	柱轴线	损伤类型	宽度（毫米）	深度（毫米）	长度（毫米）	是否为残损点
1	6-B	干缩裂缝	7	190	梁下基本贯穿	是
2	6-A	干缩裂缝	9	195	梁下基本贯穿	是
3	7-D	干缩裂缝	5	100	梁下基本贯穿	是
4	8-E	干缩裂缝	5	150	梁下基本贯穿、斜裂缝	是

续表

编号	柱轴线	损伤类型	宽度（毫米）	深度（毫米）	长度（毫米）	是否为残损点
5	6–D	干缩裂缝	5	150	1/3 柱高	是
6	6–E	干缩裂缝	10	90	1/3 柱高	是
7	5–E	干缩裂缝	6	240	梁下基本贯穿	是
8	4–D	干缩裂缝	10		梁下 1/3 柱高	是
9	3–E	干缩裂缝	5	90	柱下部 1/2	是
10	2–D	干缩裂缝	8	210	梁下基本贯穿、斜裂缝	是
11	1–D	柱脚糟朽		20		否
12	1–B	柱脚糟朽		40		否
13	8–B	柱脚糟朽		50		否
14	8–E	柱脚糟朽		40		否

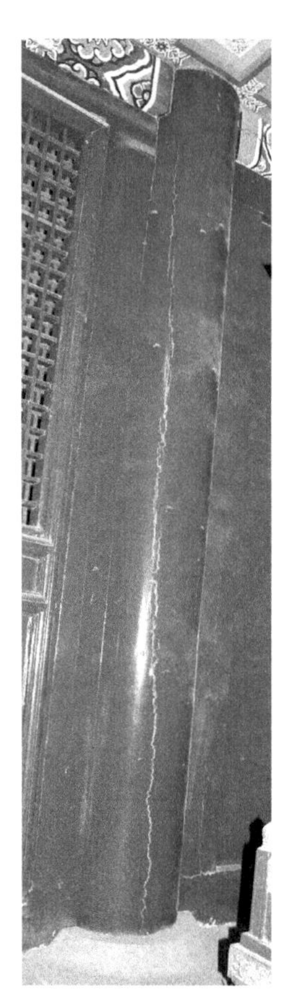

昭陵祾恩殿柱身裂缝

昭陵祾恩殿地仗龟裂脱落

昭陵祾恩殿柱脚糟朽

5.5 木梁枋

木梁枋和各榀木梁架存在残损现象如下：

（1）梁枋普遍出现干缩裂缝，部分开裂程度较大，如6轴七架梁梁身上表面裂缝宽30毫米，深度200毫米。

（2）部分瓜柱沿剪切面被压劈，产生竖向顺纹裂缝，如6轴七架梁北侧交金瓜柱裂缝宽度为20毫米。

昭陵祾恩殿脊檩（3-4 轴之间）干缩裂缝

昭陵祾恩殿 4 轴五架梁干缩裂缝

昭陵祾恩殿北侧中金枋（4-5 轴之间）干缩裂缝

昭陵祾恩殿 5 轴五架梁干缩裂缝

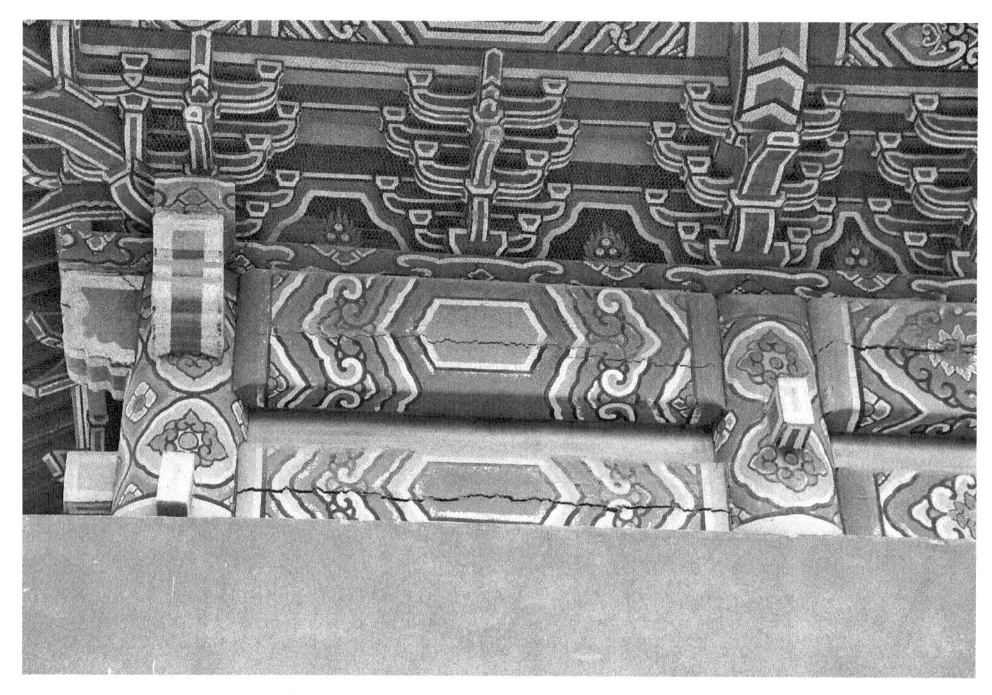

昭陵祾恩殿南侧下檐额枋干缩裂缝干缩裂缝

昭陵祾恩殿东侧下檐额枋干缩裂缝

昭陵祾恩殿 4 轴脊瓜柱卯口下部裂缝

昭陵祾恩殿 6 轴七架梁北侧交金瓜柱被压劈裂缝

昭陵祾恩殿木梁架 3 轴现状

昭陵祾恩殿木梁架 4 轴现状

昭陵祾恩殿木梁架 5 轴现状

昭陵祾恩殿木梁架 6 轴现状

5.6 木材材质

现场对两处木材端部截面进行年轮测量，年轮平均宽度分别为7.2毫米、6.4毫米，大于《古建筑木结构维护与加固规范》中关于承重结构木材的年轮平均宽度不得大于4毫米的要求，承重木材材质不合格。木材材质以及初期木材干燥处理都不符合要求可能是木材表面产生了较多干缩裂缝的主要原因。

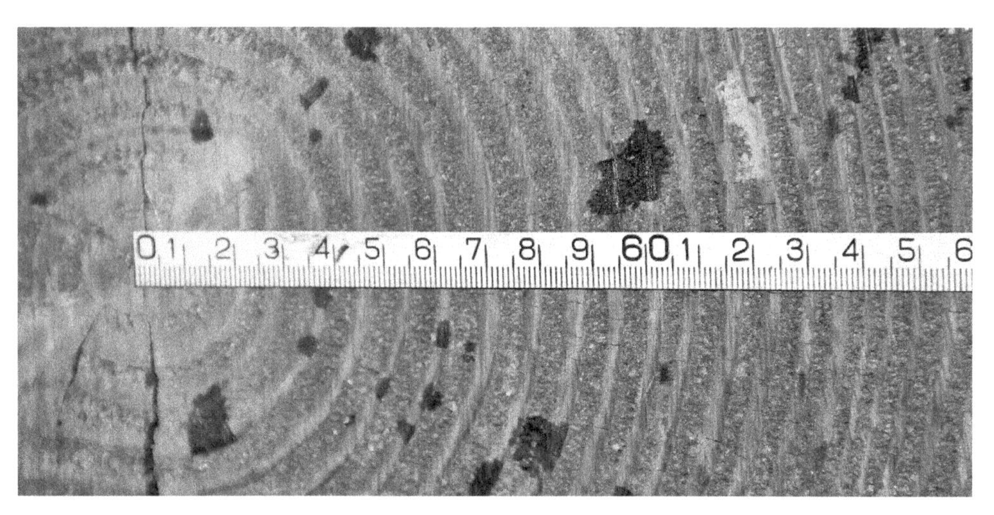

昭陵祾恩殿木梁架木材年轮（一）

昭陵祾恩殿木梁架木材年轮（二）

5.7 台基不均匀沉降

现场对房屋的柱础石上表面的相对高差进行了测量，测量结果如下：

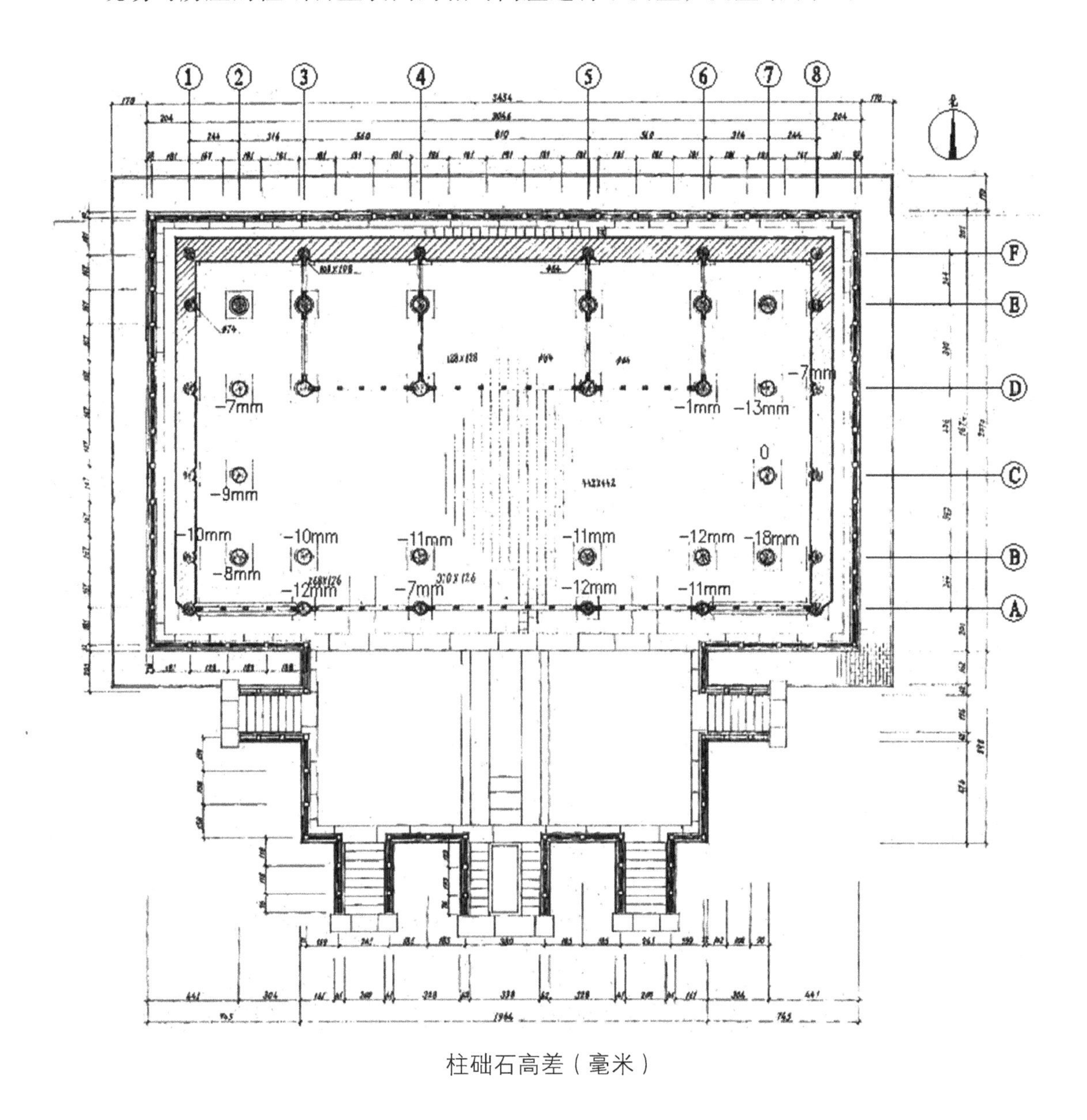

柱础石高差（毫米）

柱础石上表面的相对高差测量结果表明，台基沉降程度相对比较均匀，基本在10毫米左右，中间部位沉降量相对小一点。最大沉降点在7–B轴处，相对于7–C轴处，相对高差为18毫米，沉降量较小，沉降量未超过《建筑地基基础设计规范》（GB50007—2011）规定的变形允许值。

6. 结构分析

6.1 构件承载力计算

对主要承重构件进行承载力验算，不考虑裂缝影响和地震作用。

屋面恒荷载标准值取 4.1 千牛 / 平方米，水平投影均布活荷载标准值按照《古建筑木结构维护与加固技术规程》取 0.7 千牛 / 平方米。材料强度等级暂按最低强度等级 TC11B 计算，按照规范要求乘结构重要性系数 0.9 后，抗弯强度取 9.9 牛顿 / 平方毫米，顺纹抗剪强度取 1.26N/ 平方毫米，顺抗压强度取 9 牛顿 / 平方毫米。梁承载力计算结果如下：

梁承载力计算结果

构件	受弯效应（N/ 平方毫米）	结构抗力 / 受弯效应	剪切效应（N/ 平方毫米）	结构抗力 / 剪切效应
三架梁	1.30	4.91	0.25	3.29
五架梁	4.09	2.12	0.37	2.64
七架梁	5.72	2.34	0.50	2.59

选择承受荷最大的金柱进行验算，其长细比计算值为 64，小于规范长细比限值 120，满足规范要求；其按强度计算的结构抗力与荷载效应之比 R/S 为 4.78，按稳定计算的结构抗力与荷载效应之比 R/S 为 2.42。

由以上计算分析可知，主要梁枋及金柱的结构抗力与荷载效应之比均大于 1.0，满足承载力要求。

6.2 地基基础

台基沉降量较小且相对均匀，建筑上部承重结构和围护结构没有发现因地基产生不均匀沉降而导致的明显损伤，如砖墙、木柱均无明显歪闪，砖墙无明显不均匀沉降裂缝，表明建筑的地基基础承载状况良好。

6.3 围护结构

分析墙体开裂原因可能为：由于墙体仅起围护作用，木构架与墙体之间没有可靠的连接措施，木材与砖墙的力学特性也存在差异，在外力作用下不能保持协同工作，包砌柱子处墙体截面相对较小，属于受力薄弱部位，在外力作用下，墙体易开裂。

6.4 屋盖结构

由于屋面存在一定程度的损伤，已经影响到了建筑物的安全，应对屋面进行修缮处理。

6.5 木梁枋

经验算，主要梁枋的承载力满足要求，但由于木梁枋干缩裂缝较多，对梁枋的承载力削弱较大，应对开裂的梁枋采取加固措施。

7. 检测鉴定结论与处理建议

7.1 检测鉴定结论

根据检查结果，承重结构存在若干残损点，已经影响了结构安全和正常使用，但尚不致立即发生危险，依据《古建筑木结构维护与加固技术规范》(GB50165—92)，可评为3类建筑，有必要采取加固或修理措施。

7.2 处理建议

(1) 地基基础：建议对表面开裂的阶条石进行粘补，灰缝脱落处重新勾缝，归安松动的抱鼓石。

(2) 围护结构：由于目前砖墙承载状况基本良好，且开裂处对结构的安全性影响较小，建议仅对墙面裂缝进行修补。

(3) 屋盖结构：建议对损坏的瓦面进行清理，补配残损瓦件，更换糟朽的望板、瓦口、连檐等木件。

(4) 柱：建议对木柱的裂缝进行嵌补，并在柱的开裂段内施加铁箍；对柱脚糟朽的木柱进行剔补修复；地仗脱落的柱子应重做地仗层。

(5) 木梁枋：建议对存在干裂的梁枋及劈裂的瓜柱的裂缝进行嵌补，再用铁箍箍紧。

第六章　万贵妃墓南侧院墙结构安全检测鉴定

1. 工程概况

1.1 建筑简况

万贵妃墓，又称万娘坟，位于昌平区北部。明成化二十三年（1487 年），明宪宗贵妃万氏葬于该地。东北有长陵乡昭陵村，西南是悼陵监。

万娘坟位于苏山东麓，坐西北朝东南，整体布局为前方后圆。方形院落面宽 197.8 米，进深 138.5 米，共两进院落，第二进院落正中有享殿，面阔五间，进深三间，两厢配殿各三间。享殿后有门，可进入半圆形的寝园，中轴线上由前至后设照壁、石碣（即圆顶的碑石）、石供案和墓冢。明代设官军守卫，有官员管理。清代改为坟户看守后，看坟人及家眷即住在园寝的第一进院落内，经世代繁衍，形成村落。后因院内狭小，清末民初就将民居扩建到园寝院外，形成现在的村落格局。

万贵妃墓南园寝南侧院墙为一字形墙体，主要包括园寝门、东西随墙门、园寝围墙，墙檐高约 3.68 米，墙宽约 0.98 米，墙体南临道路。院墙正中为硬山式琉璃构件的园寝门，两侧各有一座随墙角门，园寝围墙用绿色琉璃筒瓦，黄色琉璃滴水，墙体上身为毛石糙砌背里，外抹靠骨灰刷广红浆，下碱停泥澄砖干摆砌筑，墙顶为七样琉璃瓦捉节夹垄屋面。

1.2 现状立面照片

万贵妃墓西墙外立面（一）

万贵妃墓西墙外立面（二）

万贵妃墓西墙外立面（三）

万贵妃墓西段（含西随墙门）外立面

万贵妃墓园寝门外立面

万贵妃墓东段墙（含东随墙门）外立面

万贵妃墓东侧院墙南段外立面（一）

万贵妃墓东侧院墙南段外立面（二）

万贵妃墓东侧院墙南段外立面（三）

万贵妃墓西段墙（含西随墙门）内立面

万贵妃墓园寝门内立面

万贵妃墓东段墙（含东随墙门）内立面

1.3 建筑测绘图

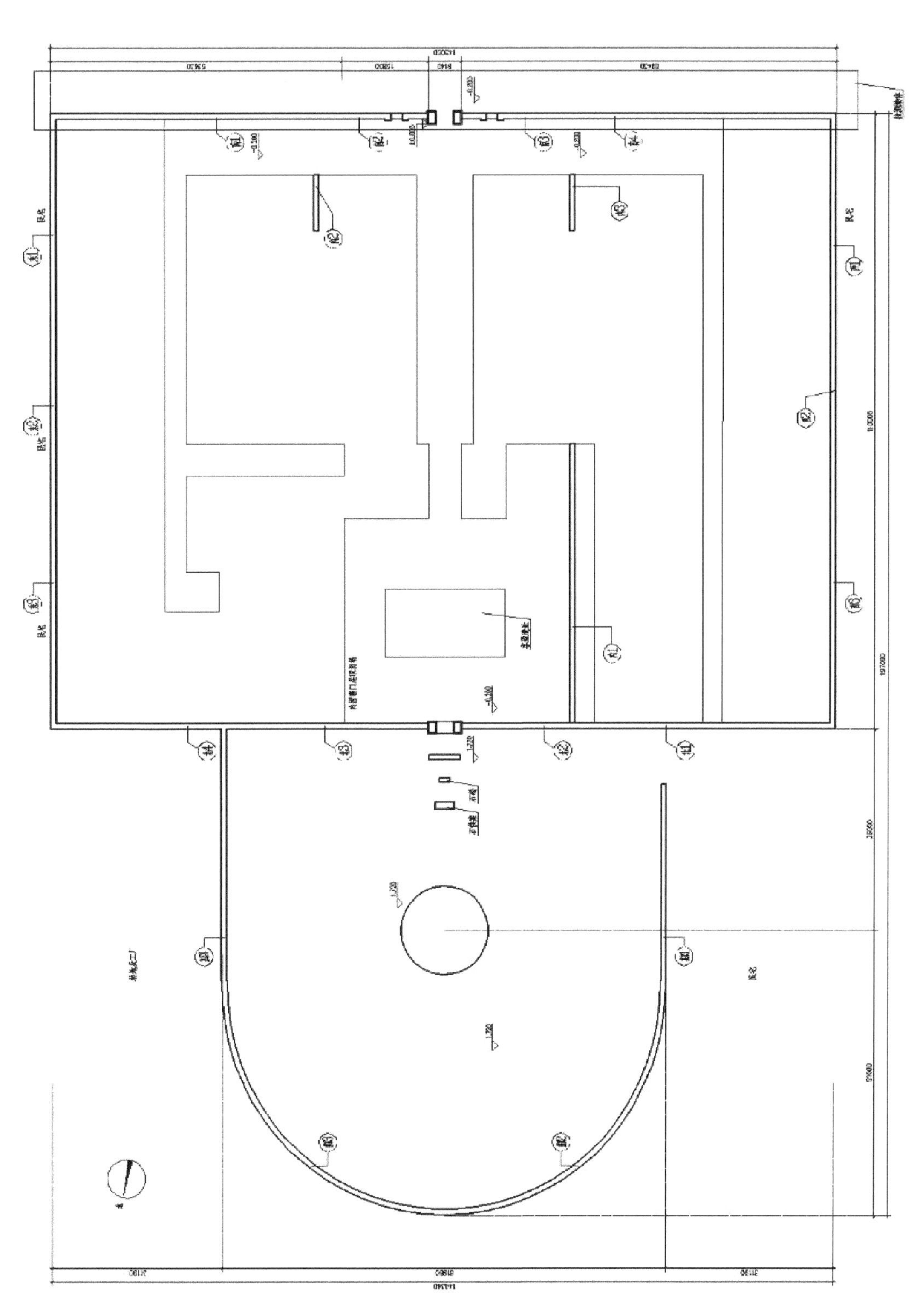

万贵妃墓总平面测绘图

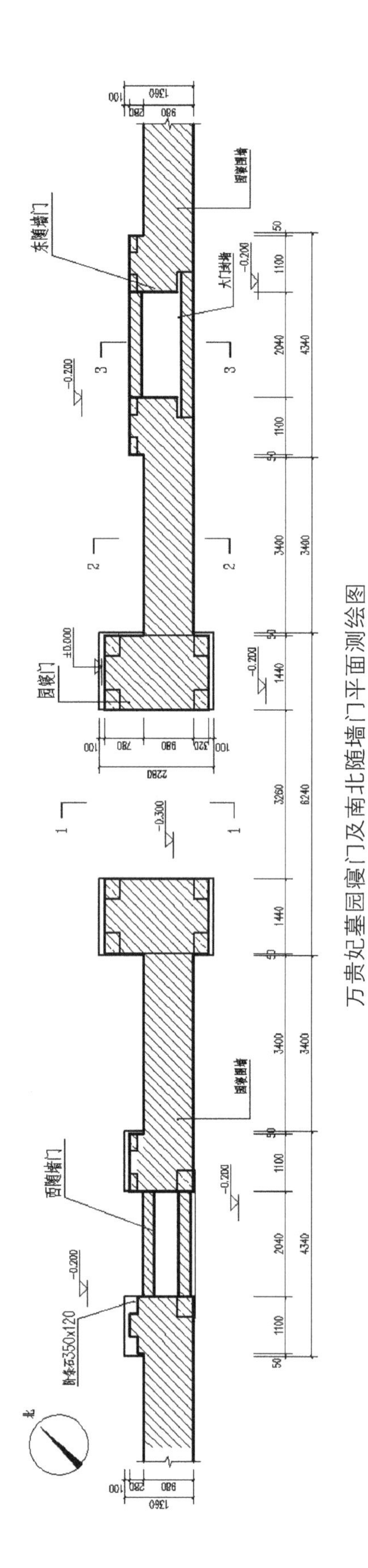

万贵妃墓园寝门及南北随墙门平面测绘图

万贵妃墓园寝门及东、西随墙门立面测绘图

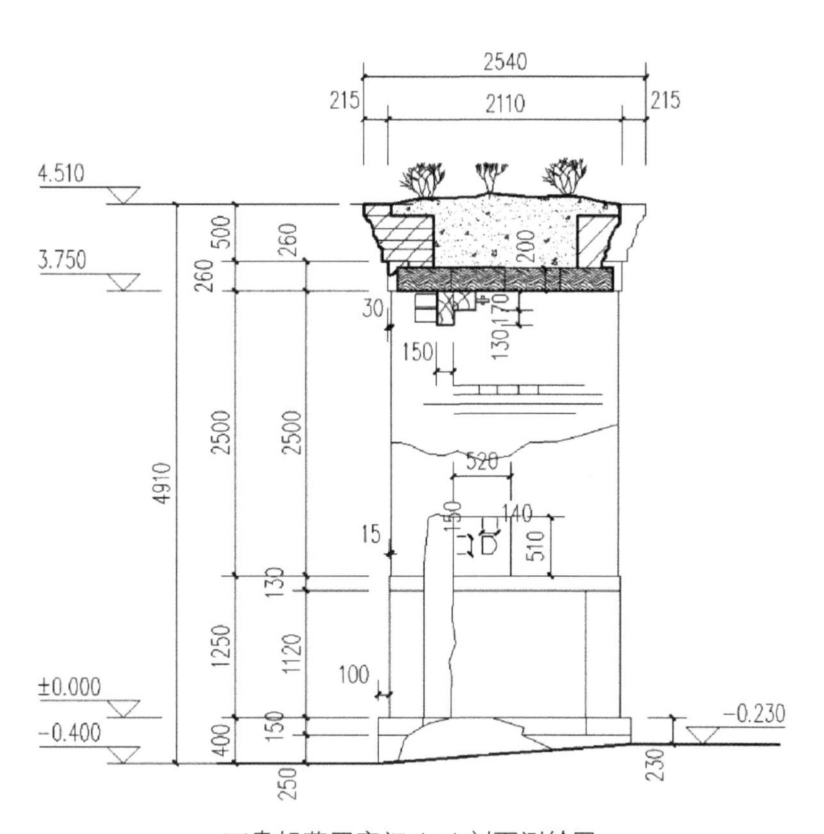

万贵妃墓园寝门 1-1 剖面测绘图

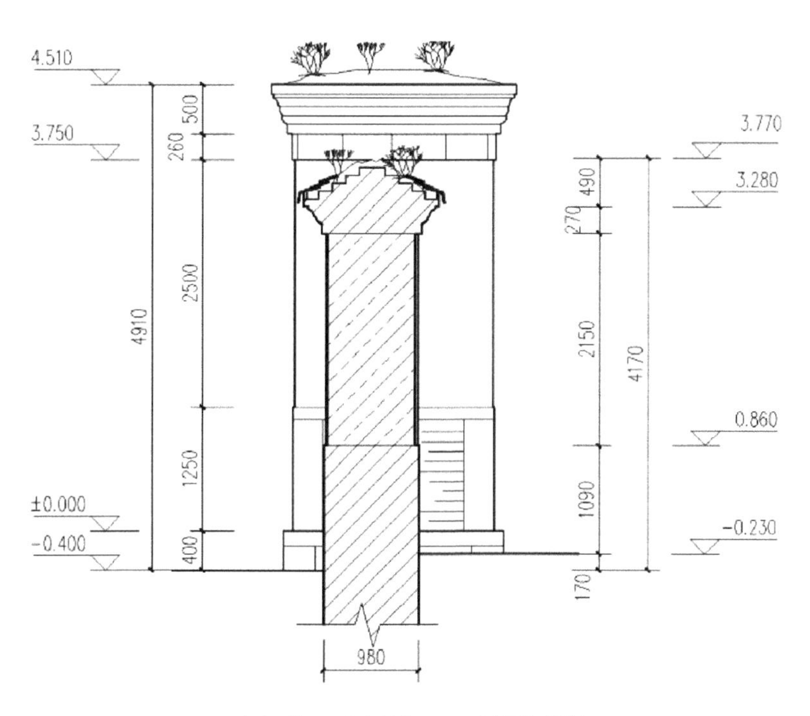

万贵妃墓园寝围墙 2-2 剖面测绘图

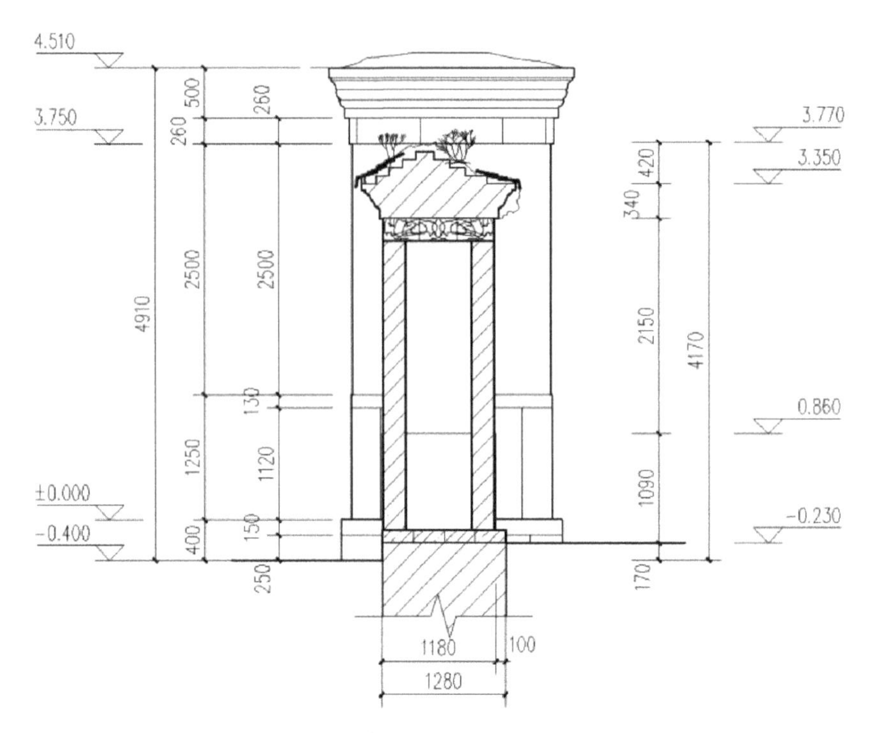

万贵妃墓随墙门 3-3 剖面测绘图

2. 地基基础勘查

2.1 地基基础现状勘查

万贵妃墓围墙地基基础（一）

万贵妃墓围墙地基基础（二）

万贵妃墓围墙地基基础（三）

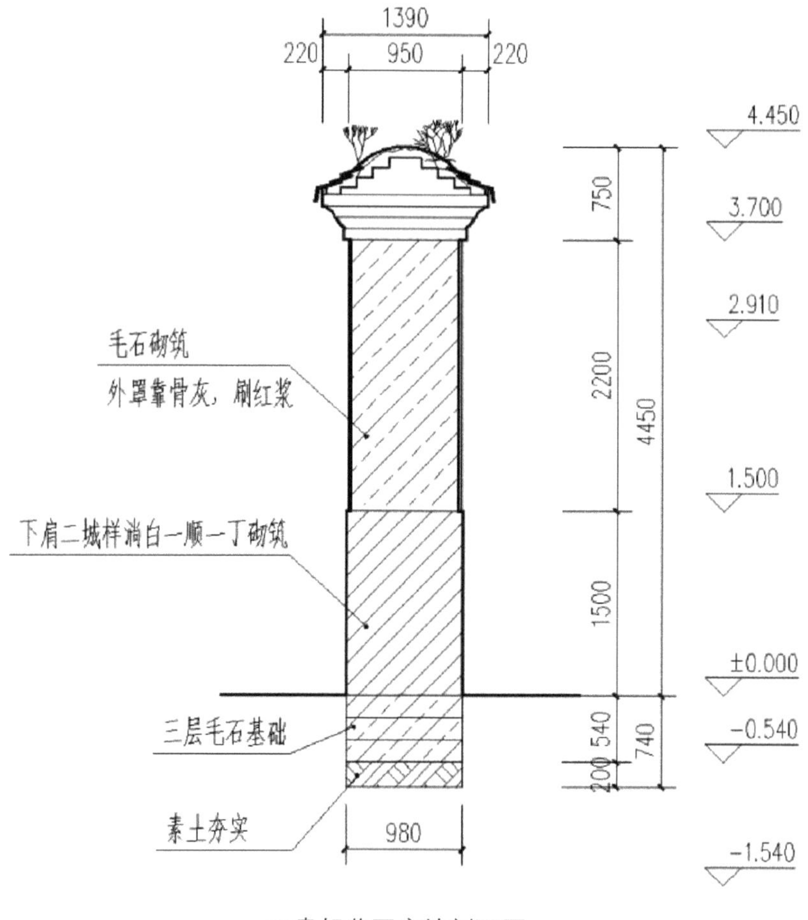

万贵妃墓园寝墙剖面图

2.2 地基基础勘查结论

地基基础勘查：墙基础为一层素土夯实、三层毛石砌筑，埋深在 0.74 米左右，基础坐落在素土层，主要成分为黏质粉土，均匀性较差。

3. 地基基础及墙体雷达探查

采用地质雷达对结构地基基础及墙体进行探查。检测地基基础及墙体所用雷达天线频率为 300 兆赫，雷达扫描路线示意图、结构详细测试结果如下：

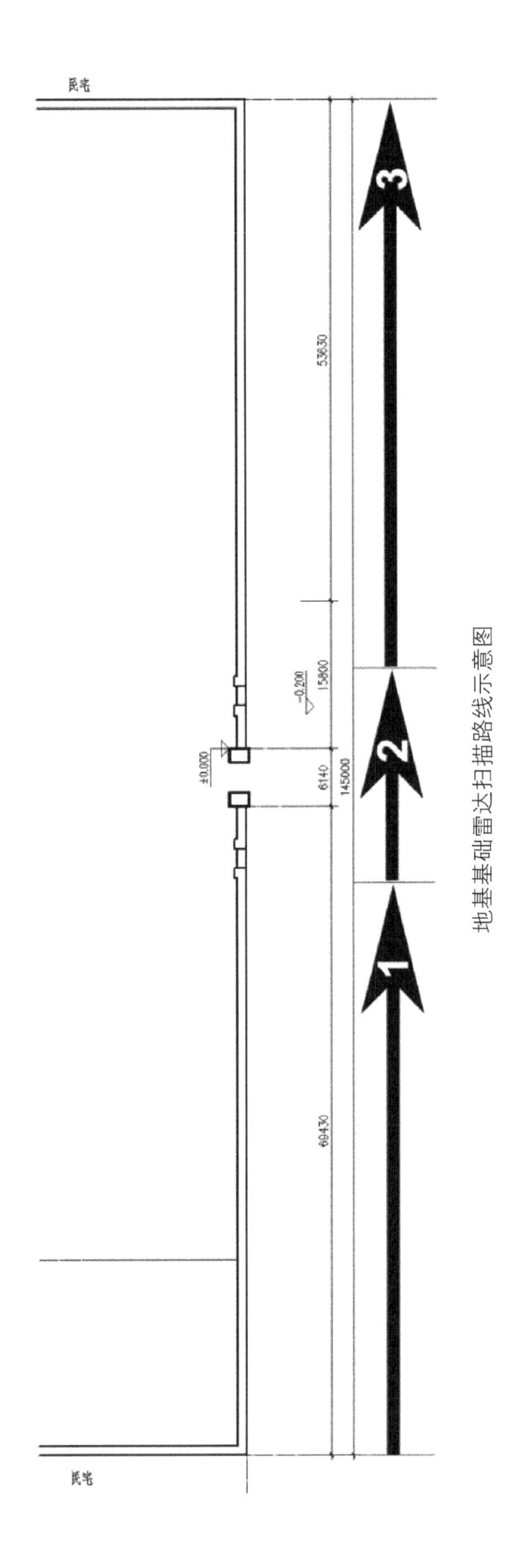

地基基础雷达扫描路线示意图

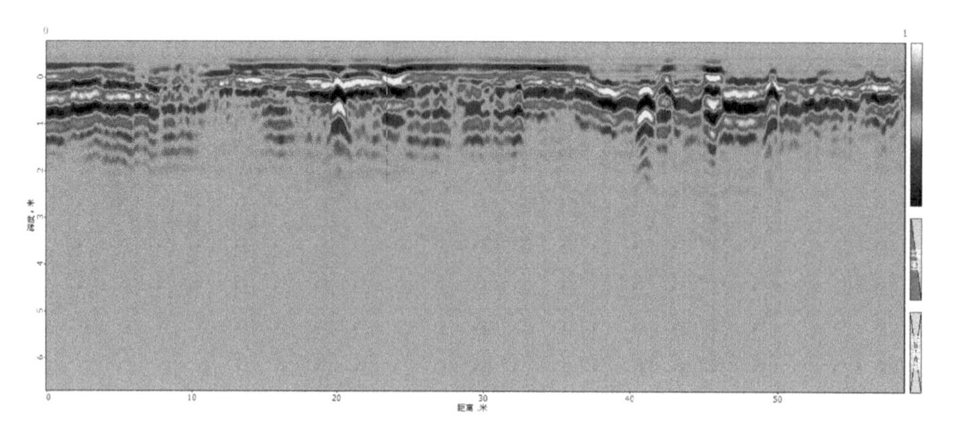

路线 1 地基基础雷达扫描结果

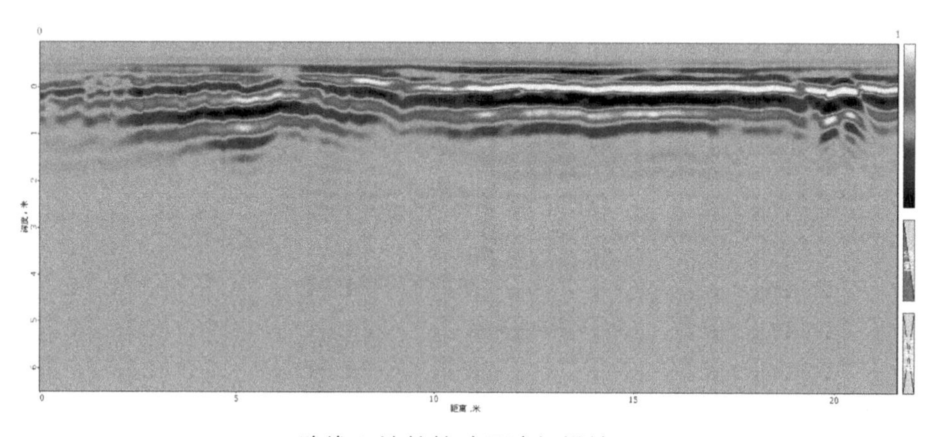

路线 2 地基基础雷达扫描结果

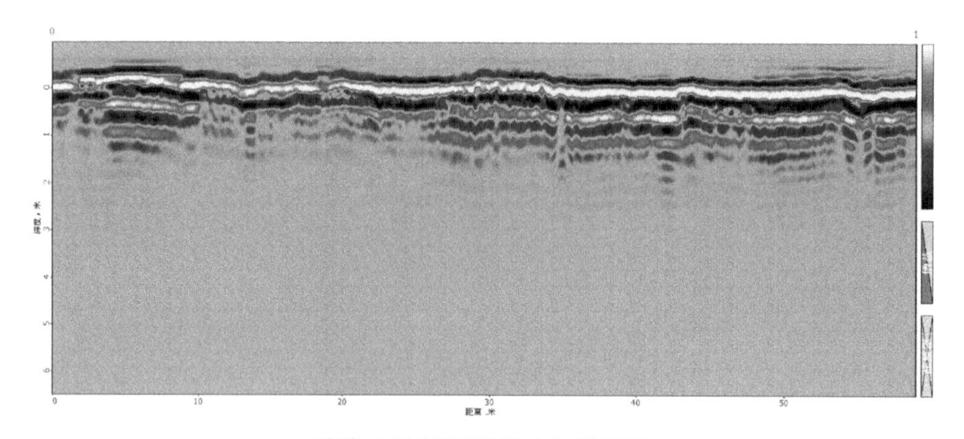

路线 3 地基基础雷达扫描结果

由雷达扫描结果可见，雷达反射波基本平直连续，表明下方介质均匀，没有明显空洞等缺陷。

由于地面无法开挖与雷达图像进行比对，解释结果仅作为参考。

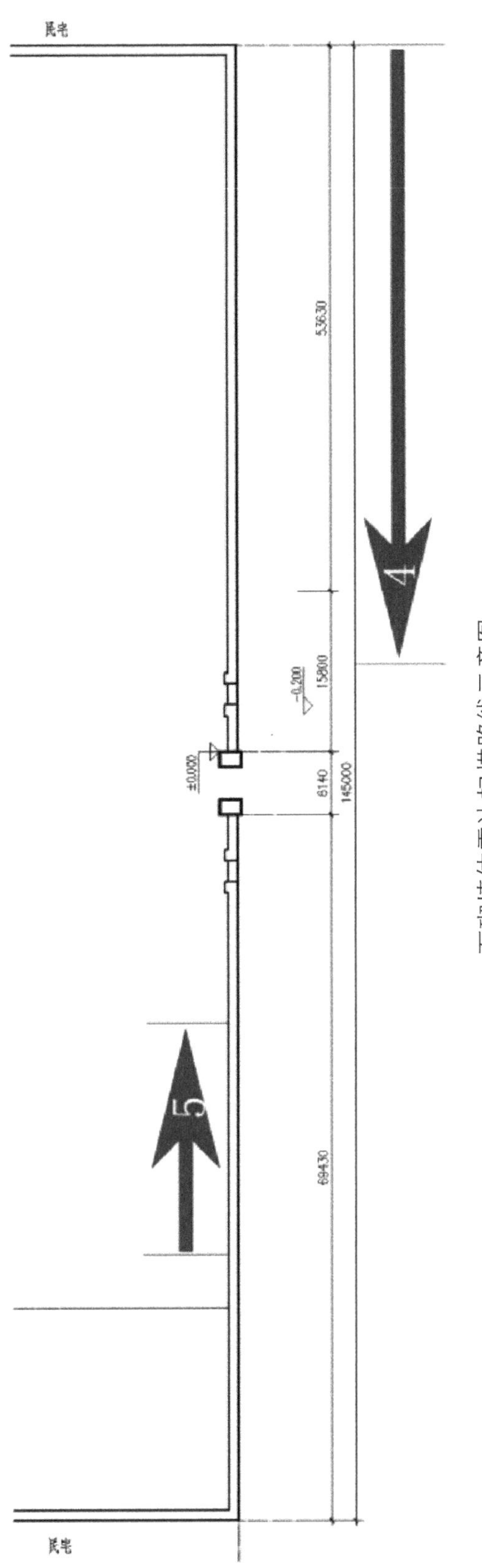

石砌墙体雷达扫描路线示意图

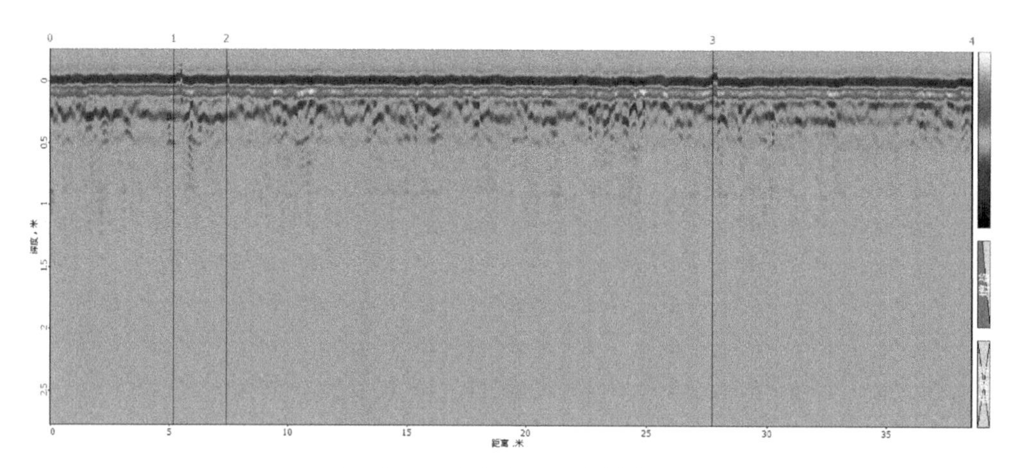

路线 4 石砌墙体雷达扫描结果

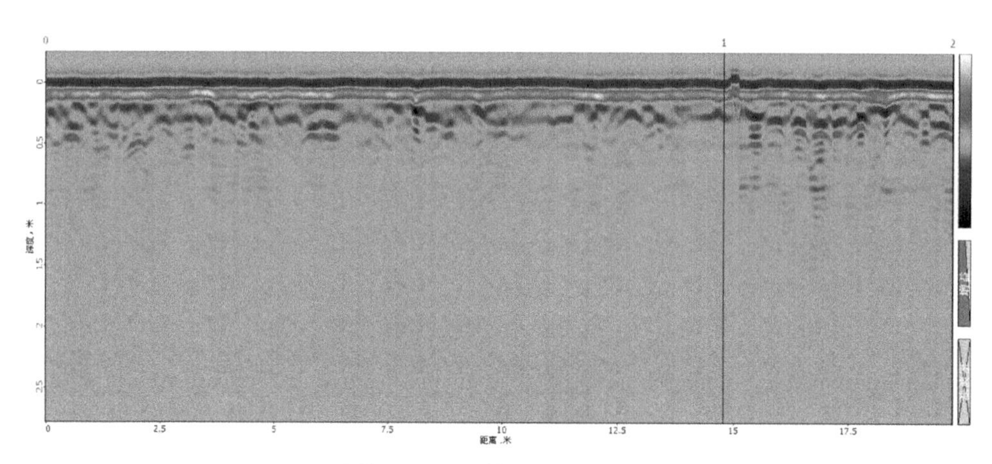

路线 5 石砌墙体雷达扫描结果

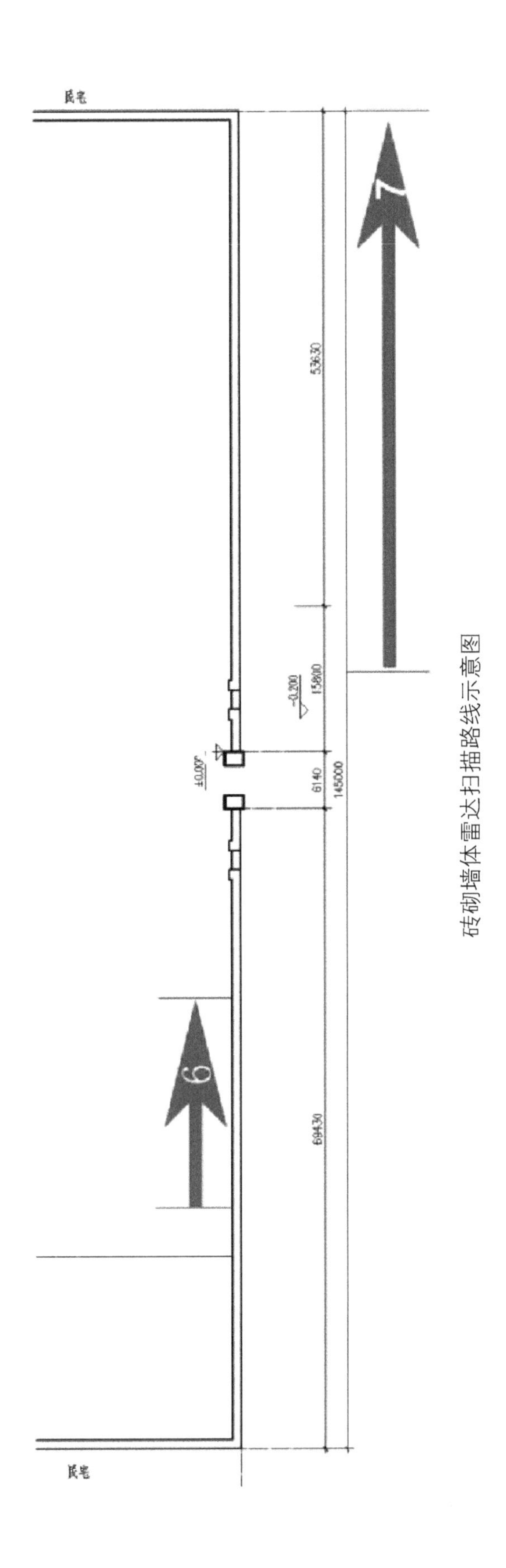

砖砌墙体雷达扫描路线示意图

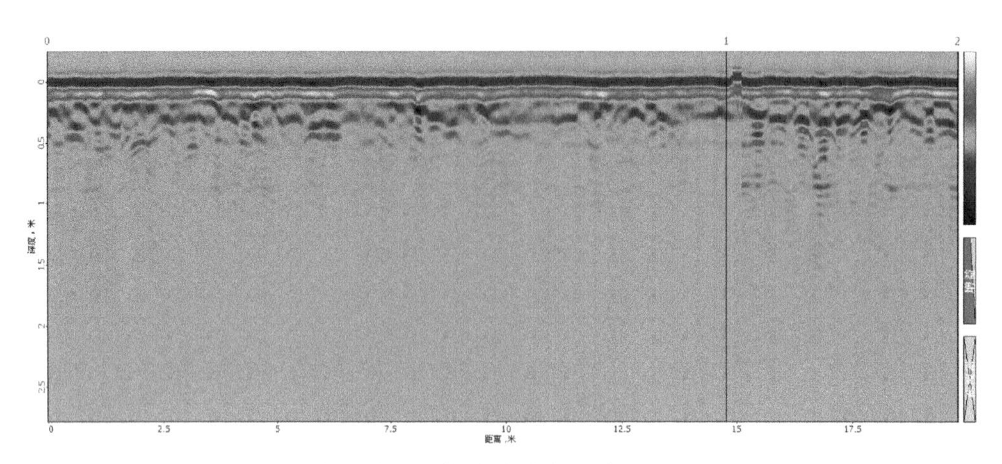

路线 6 砖砌墙体墙体内部雷达扫描结果

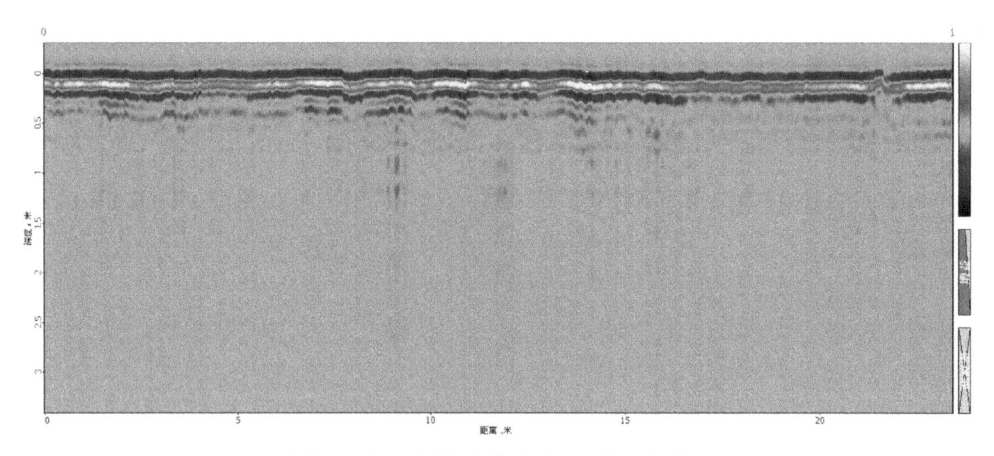

路线 7 砖砌墙体墙体内部雷达扫描结果

由图雷达扫描结果可见，墙体反射波深度在 1 米左右，与墙体实际厚度基本相符。各墙段内部反射波存在多种形态，表明墙体均匀性可能不够好，内部构造及施工质量可能存在一定的差异，雷达反射波主要有以下三种形态，概括如下：

（1）大部分墙体的反射波平直连续，表明此处墙体介质比较均匀，施工质量可能相对较好；

（2）局部分墙体的反射波振幅较小，低于周围振幅，推测原因可能为墙体含水量相对较大，介质的介电系数提高，对电磁信号吸收相对较强，导致信号衰减，振幅变小。导致含水量较大的原因可能为墙体内胶结物质流失，存在空隙，含水量较大。

（3）小部分墙体反射波相对比较杂乱，同相轴多处出现断裂的情况，表明此部分的墙体材质不够均匀或墙体施工质量相对较差。

由于墙体无法开挖与雷达图像进行比对，解释结果仅作为参考。

4. 抗压强度检验结果

4.1 砖回弹强度测试

实验仪器：ZC4 回弹仪

安全性鉴定依据：

《回弹仪评定烧结砖普通砖强度等级的办法》JC/T796—2013

砖回弹值的计算

（1）根据《回弹仪评定烧结砖普通砖强度等级的办法》（JC/T796—2013），单块砖的平均回弹值按式Ⅰ计算：

$$\overline{N_j}=1/10\sum_{i=1}^{10}N_i \qquad \text{Ⅰ}$$

式中：

$\overline{N_j}$——第 j 块砖的平均回弹值（j=1，2，......，10），精确到 0.1；

N_i——第 i 个测点的回弹值。

（2）10 块砖的平均回弹值按式Ⅱ式计算：

$$\overline{N}=1/10\sum_{j=1}^{10}\overline{N_j} \qquad \text{Ⅱ}$$

式中：

$\overline{N}$——10 块砖的平均回弹值，精确到 0.1；

$\overline{N_j}$——第 j 块砖的平均回弹值。

（3）10 块砖的回弹标准值按式Ⅲ、Ⅳ计算：

$$\overline{N_f}=\overline{N}-1.8S_f \qquad \text{Ⅲ}$$

$$S_f=\sqrt{1/9\sum_{j=1}^{10}\left(\overline{N_j}-\overline{N}\right)^2} \qquad \text{Ⅳ}$$

式中：

$\overline{N_f}$——10 块砖的回弹标准值，精确到 0.1；

S_f——10 块砖的平均回弹值的标准差，精确到 0.1。

（4）计算结果表示

1）$S_f \leqslant 3.00$ 时，计算结果以 10 块砖的平均回弹值和回弹标准值结果表示；

2）S_f＞3.00时，计算结果以10块砖的平均回弹值和单块最小平均回弹值结果表示。

砖墙强度检验结果

采用回弹法检测砌体砖抗压强度，检测可得西南角处、大门西侧、大门上身、大门东侧，以及东侧墙南段砖的回弹强度数据，依据回弹值计算公式可以得出以上五处砖的平均回弹值分别为30.8、28.4、29.6、28.1、27，根据《回弹仪评定烧结砖普通砖强度等级的办法》（JC/T796—2013），西南角处和大门上身砖的强度等级处于MU10-MU15之间，大门西侧和大门东侧砖的强度等级大致处于MU10，东侧墙南段砖的强度等级处于MU5-MU10之间。由此可得出西南角处和大门上身砖的强度较高，保存状况较为良好，大门西侧和大门东侧砖面尚保持一定强度，东侧墙南段砖风化比较严重。

西南角处砖的回弹值

试验编号	回弹值 N_i										$\overline{N_j}$
1	19	26	26	16	21	27	26	22	27	25	23.5
2	30	29	12	31	27	36	34	34	27	32	29.2
3	29	28	33	32	19	28	22	27	24	27	26.9
4	34	33	39	40	40	36	36	32	28	21	33.9
5	2	56	56	46	54	56	50	44	51	54	51.9
6	20	26	26	2	25	27	25	18	25	29	24.5
7	30	35	30	30	33	28	34	26	35	37	31.8
8	28	25	26	26	24	26	22	24	27	22	25.0
9	33	29	34	28	32	32	33	30	28	32	31.1
10	33	32	34	29	35	29	30	15	31	30	29.8
$\overline{N}$											30.8
备注	S_f=8.17>3.00，计算结果以10块砖的平均回弹值和单块最小平均回弹值结果表示。即$\overline{N}$=30.8，$\overline{N_{j\min}}$=22.1，查表得强度等级处于MU10-MU15之间。										

大门西侧砖的回弹值

试验编号	回弹值 N_i										$\overline{N_j}$
1	34	33	35	36	35	37	33	3	40	35	35.6
2	19	20	22	26	27	23	20	20	20	23	22
3	31	33	32	32	32	36	31	32	31	32	32.2
4	26	31	28	31	27	29	29	29	29	29	28.8

续表

试验编号	回弹值 N_i										$\overline{N_j}$
5	35	42	28	45	44	42	38	46	48	52	42
6	26	24	24	27	15	16	22	16	19	21	21
7	18	24	22	22	20	18	22	17	19	22	20.4
8	30	35	28	25	25	22	27	26	28	27	27.3
9	31	34	28	34	28	31	30	27	22	32	29.7
10	24	27	17	22	27	29	28	27	23	24	24.8
$\overline{N}$											28.4
备注	S_f=6.89>3.00，计算结果以10块砖的平均回弹值和单块最小平均回弹值结果表示。即 $\overline{N}$ =28.4，$\overline{N_{j\min}}$ =23.0，查表得强度等级处于MU10。										

大门上身砖的回弹值

试验编号	回弹值 N_i										$\overline{N_j}$
1	44	41	40	40	45	36	40	37	37	44	40.4
2	30	34	36	34	30	32	25	34	32	31	31.8
3	29	28	24	31	27	30	28	30	28	25	28
4	36	33	34	36	40	38	36	38	32	35	35.8
5	45	44	34	40	38	32	28	42	38	36	37.7
6	25	26	20	26	23	22	23	20	24	24	23.3
7	24	18	22	20	23	20	25	24	23	24	22.3
8	22	18	18	18	20	21	24	22	30	16	20.9
9	22	19	16	23	21	20	22	19	20	20	20.2
10	32	38	32	34	40	36	33	38	35	38	35.6
$\overline{N}$											29.6
备注	S_f=7.61>3.00，计算结果以10块砖的平均回弹值和单块最小平均回弹值结果表示。即 $\overline{N}$ =29.6，$\overline{N_{j\min}}$ =24.7，查表得强度等级处于MU10–MU15之间。										

大门东侧砖的回弹值

试验编号	回弹值 N_i										$\overline{N_j}$
1	37	34	40	37	36	34	42	34	39	32	36.5
2	20	25	16	29	25	19	27	30	29	27	24.7
3	52	47	48	44	44	45	47	44	48	48	46.7

续表

试验编号	回弹值 N_i										$\overline{N_j}$
4	21	20	22	20	22	24	20	24	23	19	21.5
5	25	28	30	26	30	28	30	28	18	25	26.8
6	20	25	30	27	26	28	25	28	18	25	25.2
7	25	25	28	27	26	26	24	23	28	22	25.4
8	24	23	25	25	27	22	24	26	26	20	24.2
9	20	25	24	22	26	21	24	25	18	22	22.7
10	28	28	29	24	29	19	32	30	30	28	27.7
$\overline{N}$											28.1
备注	S_f=7.70>3.00，计算结果以10块砖的平均回弹值和单块最小平均回弹值结果表示。即$\overline{N}$=28.1，$\overline{N_{j\min}}$=22.6，查表得强度等级处于MU10。										

东侧墙南段砖的回弹值

试验编号	回弹值 N_i										$\overline{N_j}$
1	31	30	32	35	33	32	35	29	26	20	30.3
2	26	30	29	27	22	29	19	23	21	29	25.5
3	32	33	26	32	34	28	26	30	29	29	29.9
4	35	31	31	30	28	34	36	35	39	28	32.7
5	32	27	20	25	19	27	16	20	16	20	22.2
6	20	28	28	26	22	26	26	23	25	21	24.5
7	24	20	23	23	23	21	20	23	23	19	21.9
8	34	31	33	24	27	18	28	38	30	30	29.3
9	31	28	29	29	33	29	33	29	26	28	29.5
10	21	27	26	27	27	21	24	20	24	20	23.7
$\overline{N}$											27
备注	S_f=3.83>3.00，计算结果以10块砖的平均回弹值和单块最小平均回弹值结果表示。即$\overline{N}$=27.0，$\overline{N_{j\min}}$=21.3，查表得强度等级处于MU5–MU10之间。										

4.2 毛石回弹强度测试

实验仪器：HT225回弹仪

安全性鉴定依据：

《回弹法检测混凝土抗压强度技术规程》JCJ/T23—2011

毛石回弹值的计算

（1）计算测区平均回弹值时，应从该测区的16个回弹值中剔除3个最大值和3个最小值，其余的10个回弹值按下式计算：

$$R_m = \frac{\sum_{i=1}^{10} R_i}{10} \qquad \text{V}$$

式中：

R_m——测区平均回弹值，精确到0.1；

R_i——第i个测点的回弹值。

（2）根据R_m查表换算强度值$f_{cu,i}^{c}$，然后根据各测区的强度换算值取平均值得强度平均值。

$$m_{f_{cu}^{c}} = \frac{\sum_{i=1}^{n} f_{cu,i}^{c}}{n} \qquad \text{VI}$$

式中：

$m_{f_{cu}^{c}}$——构件测区强度换算值的平均值（兆帕），精确到0.1兆帕；

n——对于单个检测的构件，取该构件的测区数；对批量检测的构件，取所有被抽检构件测区数之和。

毛石墙体强度检验结果

采用回弹法检测毛石墙体的抗压强度，由检测可得西南角处、大门西侧、大门东侧以及东侧墙南段毛石墙体的回弹强度数据，依据回弹值计算公式可以得出的平均回弹值，并通过查强度换算表得到以上四处毛石墙体的强度平均值分别为40.8兆帕、42.4兆帕、47.2兆帕、39.2兆帕，根据《回弹法检测混凝土抗压强度技术规程》JCJ/T23—2011，西南角处、大门西侧、大门东侧三处毛石墙体的强度等级在MU40-MU50之间，东侧墙南段毛石墙体的强度等级略低于MU40。由此可得出西南角处、大门西侧、大门东侧三处毛石墙体的保存状况较为良好，强度均较高，东侧墙南段毛石墙体有轻微风化，强度有一定的下降。

西南角毛石墙体的回弹值及换算强度

试验编号	回弹值 R_i										R_m	$f^c_{cu,i}$（兆帕）
1	24	21	17	18	36	42	24	35	24	32	27.3	19.3
2	68	43	40	34	28	32	28	30	26	34	36.3	34.2
3	19	22	37	40	25	25	18	37	32	28	28.3	20.8
4	37	40	26	28	23	42	44	26	29	42	33.7	29.5
5	58	52	40	57	57	30	56	48	58	56	51.2	>60
6	40	54	49	58	56	48	56	42	64	50	51.7	>60
7	47	32	48	47	50	36	48	42	45	40	43.5	49.2
8	46	52	48	48	40	50	40	52	60	32	46.8	57.0
9	26	38	32	36	24	18	24	26	32	22	27.8	20.0
10	50	48	43	44	54	46	44	40	45	58	47.2	58.0
$m_{f^c_{cu}}$												40.8
备注	表中数据已剔除 3 个最大值和 3 个最小值											

大门西侧毛石墙体的回弹值及换算强度

试验编号	回弹值 R_i										R_m	$f^c_{cu,i}$（兆帕）
1	49	55	60	47	45	52	52	56	42	54	51.2	>60
2	52	47	38	44	22	50	46	49	36	40	42.4	46.7
3	29	29	26	42	32	36	42	41	31	35	34.3	30.5
4	26	40	28	36	40	36	30	45	25	34	34.0	30.0
5	28	4	47	29	29	29	33	23	29	46	33.3	28.8
6	45	46	48	42	40	44	30	46	38	38	41.7	45.2
7	47	48	42	42	38	40	44	42	36	43	42.2	46.3
8	38	34	22	44	34	30	34	33	34	32	33.5	29.2
9	52	58	60	50	50	50	58	49	49	46	52.2	>60
10	43	38	50	52	46	40	44	38	40	35	42.6	47.2
$m_{f^c_{cu}}$												42.4
备注	表中数据已剔除 3 个最大值和 3 个最小值											

大门东侧毛石墙体的回弹值及换算强度

试验编号	回弹值 R_i										R_m	$f^c_{cu,i}$（兆帕）
1	30	58	53	45	48	54	50	43	50	52	48.3	>60
2	50	40	43	44	52	46	51	51	48	40	46.5	56.3
3	31	37	38	40	32	38	43	41	32	40	37.2	35.9
4	38	7	30	26	33	25	28	28	34	36	31.5	25.8
5	44	54	53	43	52	51	56	38	40	31	46.2	55.5
6	52	45	44	46	48	33	50	44	22	42	42.6	47.2
7	53	52	43	48	46	44	49	51	45	46	47.7	59.3
8	41	46	34	41	39	26	40	38	39	42	38.6	38.7
9	40	42	40	22	42	37	33	43	48	46	39.3	40.5
10	34	42	30	56	58	43	48	48	45	46	45.0	52.7
$m_{f^c_{cu}}$												47.2
备注	表中数据已剔除 3 个最大值和 3 个最小值											

东侧墙南段毛石墙体的回弹值及换算强度

试验编号	回弹值 R_i										R_m	$f^c_{cu,i}$（兆帕）
1	50	56	36	42	48	30	44	58	45	47	45.6	54.1
2	45	44	46	52	38	50	48	44	43	48	45.8	54.6
3	56	62	58	60	60	58	55	55	50	46	56.0	>60
4	24	25	36	54	20	24	22	36	37	22	30.0	23.3
5	48	46	40	40	44	30	46	26	44	49	41.3	44.3
6	36	40	31	34	34	22	38	26	26	36	32.3	27.0
7	43	43	48	42	38	40	50	40	48	40	43.2	48.5
8	28	26	28	29	36	35	22	31	36	28	29.9	23.2
9	46	44	42	41	42	38	36	38	30	40	39.7	41.0
10	30	20	20	24	16	28	34	32	22	24	25.0	16.2
$m_{f^c_{cu}}$												39.2
备注	表中数据已剔除 3 个最大值和 3 个最小值											

5. 砂浆强度检验结果

砂浆抗压强度贯入检测

实验仪器：SJY800B 型贯入式砂浆强度检测仪

安全性鉴定依据：

《贯入法检测砌筑砂浆抗压强度技术规程》JGJ/T136—2001

砂浆抗压强度计算

（1）检测数值中，应将 16 个贯入深度值中的 3 个较大值和 3 个较小值剔除，余下的 10 个贯入深度值可按下式取平均值：

$$m_{dj}=\frac{1}{10}\sum_{i=1}^{10}d_i \qquad \text{VII}$$

式中：

m_{dj}——第 j 个构件的砂浆贯入深度平均值，精确到 0.01 毫米；

d_i——第 i 个测点的贯入深度值，精确到 0.01 毫米。

（2）根据计算所得的构件贯入深度平均值 m_{dj}，可按不同的砂浆品种查表得其砂浆抗压强度换算值 $f^c_{2,j}$。

砂浆强度检验结果

采取贯入法检测砌体墙砖缝和毛石墙体缝的砂浆强度，由下表可得大门东侧以及东侧墙南段砖缝砂浆和毛石墙体缝砂浆的贯入深度数据，根据《贯入法检测砌筑砂浆抗压强度技术规程》（JGJ/T136—2001），大门东侧以及东侧墙南段砖缝砂浆的抗压强度分别为 1.9 兆帕和 1.7 兆帕，大门东侧以及东侧墙南段毛石墙体缝砂浆的抗压强度分别为 0.5 兆帕和 0.7 兆帕。

大门东侧砖缝砂浆抗压强度贯入检测记录表

序号	不平整度读数 d_i^0（毫米）	贯入深度测量表读数 d_i^1（毫米）	贯入深度 d_i（毫米）
1	-16	-6.58	9.42
2	-16.25	-10.64	5.61
3	-12.42	-6.54	5.88
4	-13.35	-6.28	7.07

续表

序号	不平整度读数 d_i^0（毫米）	贯入深度测量表读数 d_i^1（毫米）	贯入深度 d_i（毫米）
5	−16.07	−10.23	5.84
6	−16.63	−6.34	10.29
7	−15.15	−5.52	9.63
8	−13.75	−7.92	5.83
9	−18.87	−9.78	9.09
10	−18.42	−10.03	8.39
m_{di}（毫米）			7.71
备注	表中数据已剔除 3 个最大值和 3 个最小值； 根据砂浆抗压强度换算表可得：$f_{2,j}^c \approx$ 1.9 兆帕		

东侧墙南段砖缝砂浆抗压强度贯入检测记录表

序号	不平整度读数 d_i^0（毫米）	贯入深度测量表读数 d_i^1（毫米）	贯入深度 d_i（毫米）
1	−15.43	−8.23	7.2
2	−15.14	−5.7	9.44
3	−16.68	−11.18	5.5
4	−15.25	−7.79	7.46
5	−18.41	−8.89	9.52
6	−15.07	−7.08	7.99
7	−14.96	−8.47	6.49
8	−15.83	−7.52	8.31
9	−12.92	−4.36	8.56
10	−16.17	−6.85	9.32
m_{di}（毫米）			7.98
备注	表中数据已剔除 3 个最大值和 3 个最小值； 根据砂浆抗压强度换算表可得：$f_{2,j}^c \approx$ 1.7 兆帕		

大门东侧毛石墙体缝砂浆抗压强度贯入检测记录表

序号	不平整度读数 d_i^0（毫米）	贯入深度测量表读数 d_i^1（毫米）	贯入深度 d_i（毫米）
1	−15.43	−8.23	7.2
2	−15.14	−5.7	9.44

续表

序号	不平整度读数 d_i^0（毫米）	贯入深度测量表读数 d_i^1（毫米）	贯入深度 d_i（毫米）
3	-16.68	-11.18	5.5
4	-15.25	-7.79	7.46
5	-18.41	-8.89	9.52
6	-15.07	-7.08	7.99
7	-14.96	-8.47	6.49
8	-15.83	-7.52	8.31
9	-12.92	-4.36	8.56
10	-16.17	-6.85	9.32
m_{di}（毫米）			13.95
备注	表中数据已剔除 3 个最大值和 3 个最小值； 根据砂浆抗压强度换算表可得：$f_{2,j}^c \approx$ 0.5 兆帕		

东侧墙南段毛石墙体缝砂浆抗压强度贯入检测记录表

序号	不平整度读数 d_i^0（毫米）	贯入深度测量表读数 d_i^1（毫米）	贯入深度 d_i（毫米）
1	-14.73	-4.54	10.19
2	-17.46	-4.15	13.31
3	-12.43	-1.72	10.71
4	-14.24	-1.66	12.58
5	-13.85	-2.67	11.18
6	-14.09	-1.48	12.61
7	-14.56	-1.02	13.54
8	-15.54	-2.68	12.86
9	-16.6	-3.37	13.23
10	-17.12	-6.3	10.82
m_{di}（毫米）			12.10
备注	表中数据已剔除 3 个最大值和 3 个最小值； 根据砂浆抗压强度换算表可得：$f_{2,j}^c \approx$ 0.7 兆帕		

6. 结构外观质量检查

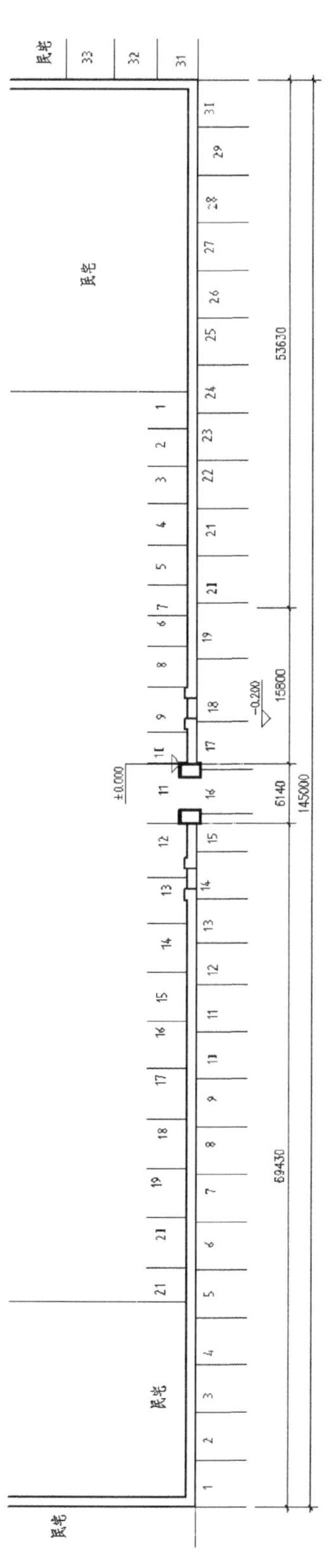

结构外观质量检查段示意图

墙体东西方向总长145米，现场对结构外观进行分段检查，园寝南墙外立面分为33个检查段，每一检查段距离为4.5米～4.8米，内立面分为21个检查段，每一检查段距离为4米～5米。墙体现状如下：

南墙外立面

第一段：竖向贯通裂缝长约2500毫米，宽20毫米，墙帽残损严重，上身抹灰基本无存，毛石墙面裸露，墙体下碱砖酥碱、局部砖块缺失。

万贵妃墓南墙外立面第一段

第二段：墙帽残损严重，上身抹灰基本无存，毛石墙面裸露，墙体下碱砖酥碱、局部砖块缺失，距地面850毫米处后开排水口。

万贵妃墓南墙外立面第二段

第三段：墙帽残损严重，上身抹灰基本无存，毛石墙面裸露，存在鼓闪现象，墙体下碱砖酥碱、局部砖块缺失。

万贵妃墓南墙外立面第三段

第四段：墙帽残损严重，上身抹灰基本无存，毛石墙裸露，墙体下碱砖酥碱

万贵妃墓南墙外立面第四段

第五段：墙帽残损严重，上身抹灰基本无存，毛石墙裸露，墙体下碱砖酥碱

万贵妃墓南墙外立面第五段

第六段：墙帽残损严重，上身抹灰基本无存，毛石墙裸露，墙体下碱砖酥碱。

万贵妃墓南墙外立面第六段

第七段：墙帽残损严重，上身抹灰基本无存，毛石墙面裸露，墙体下碱砖酥碱、局部砖块缺失。

万贵妃墓南墙外立面第七段

第八段：墙帽残损严重，上身抹灰基本无存，毛石墙裸露，墙体下碱砖酥碱。

万贵妃墓南墙外立面第八段

第九段：墙帽残损严重，上身抹灰基本无存，毛石墙面裸露，存在鼓闪现象，墙体下碱砖酥碱。

万贵妃墓南墙外立面第九段

第十段：墙帽残损严重，上身抹灰基本无存，毛石墙面裸露，存在鼓闪现象，墙体下碱砖酥碱、局部砖块缺失。

万贵妃墓南墙外立面第十段

第十一段：墙帽残损严重，上身抹灰基本无存，毛石墙面裸露，存在鼓闪现象，墙体下碱砖酥碱、局部砖块缺失。

万贵妃墓南墙外立面第十一段

第十二段：墙帽残损严重，上身抹灰基本无存，毛石墙面裸露，，存在鼓闪现象墙体下碱砖酥碱、局部砖块缺失。

万贵妃墓南墙外立面第十二段

第十三段：墙帽残损严重，上身抹灰基本无存，毛石墙面裸露，墙体下碱砖酥碱、局部砖块缺失。

万贵妃墓南墙外立面第十三段

第十四段：西随墙门被封堵，墙帽缺失严重，上身灰浆大部分剥落，背里砖裸露，角柱石局部残损，仅存过木，糟朽变形严重。

万贵妃墓南墙外立面第十四段

第十五段：墙帽残损严重，上身抹灰基本无存，毛石墙面裸露，墙体下碱砖酥碱、局部砖块缺失。

万贵妃墓南墙外立面第十五段

第十六段：墙帽缺失严重，园寝门仅存拔檐砖及少量残损滴子，过木糟朽变形弯垂严重，墙体上身抹灰大部缺失，下碱砖严重风化、苏碱，临街外侧基础裸露，角柱石局部残损，仅存上槛，糟朽变形严重。

万贵妃墓南墙外立面第十六段

第十七段：墙帽残损严重，上身抹灰基本无存，毛石墙面裸露，墙体下碱砖酥碱、局部砖块缺失。

万贵妃墓南墙外立面第十七段

第十八段：东随墙门被封堵，上身灰浆大部分剥落，背里砖裸露，角柱石局部残损，仅存过木，糟朽变形严重；墙帽残损严重，上身抹灰基本无存，毛石墙面裸露，墙体下碱砖酥碱。

万贵妃墓南墙外立面第十八段

第十九段：墙帽残损严重，上身抹灰基本无存，毛石墙面裸露，存在鼓闪现象，墙体下碱砖酥碱、局部砖块缺失。

万贵妃墓南墙外立面第十九段

第二十段：墙帽残损严重，上身抹灰基本无存，毛石墙面裸露，存在鼓闪现象，墙体下碱砖酥碱。

万贵妃墓南墙外立面第二十段

第二十一段：墙帽残损严重，上身抹灰基本无存，毛石墙面裸露，存在鼓闪现象，墙体下碱砖酥碱、局部砖块缺失。

万贵妃墓南墙外立面第二十一段

第二十二段：墙帽残损严重，上身抹灰基本无存，毛石墙面裸露，存在鼓闪现象，墙体下碱砖酥碱。

万贵妃墓南墙外立面第二十二段

第二十三段：墙帽残损严重，上身抹灰基本无存，毛石墙面裸露，墙体下碱砖酥碱。

万贵妃墓南墙外立面第二十三段

第二十四段：墙帽残损严重，上身抹灰基本无存，毛石墙面裸露，存在鼓闪现象，墙体下碱砖酥碱、局部砖块缺失。

万贵妃墓南墙外立面第二十四段

第二十五段：墙帽残损严重，上身抹灰基本无存，毛石墙面裸露，存在鼓闪现象，墙体下碱砖酥碱。

万贵妃墓南墙外立面第二十五段

第二十六段：墙帽残损严重，上身抹灰基本无存，毛石墙面裸露，墙体下碱砖酥碱、局部砖块缺失。

万贵妃墓南墙外立面第二十六段

第二十七段：墙帽残损严重，上身抹灰基本无存，毛石墙面裸露，存在严重鼓闪现象，墙体下碱砖酥碱、局部砖块缺失。

万贵妃墓南墙外立面第二十七段

第二十八段：墙帽残损严重，上身抹灰基本无存，毛石墙面裸露，存在严重鼓闪现象，墙体下碱砖酥碱、局部砖块缺失。

万贵妃墓南墙外立面第二十八段

第二十九段：墙帽残损严重，上身抹灰基本无存，毛石墙面裸露，墙体下碱被遮挡不可见。

万贵妃墓南墙外立面第二十九段

第三十段：墙帽残损严重，上身抹灰基本无存，毛石墙面裸露，存在鼓闪现象，墙体下碱砖酥碱、局部砖块缺失。

万贵妃墓南墙外立面第三十段

第三十一段：墙帽残损严重，上身抹灰基本无存，毛石墙面裸露，墙体下碱砖酥碱、局部砖块缺失。

万贵妃墓南墙外立面第三十一段

第三十二段：墙帽残损严重，上身抹灰基本无存，毛石墙面裸露，墙体下碱砖酥碱、局部砖块缺失。

万贵妃墓南墙外立面第三十二段

第三十三段：墙帽残损严重，上身抹灰基本无存，毛石墙面裸露，墙体下碱砖酥碱、局部砖块缺失。

万贵妃墓南墙外立面第三十三段

南墙内立面

第一段：墙帽残损严重，上身抹灰基本无存，毛石墙面裸露，墙体下碱砖酥碱、局部砖块缺失。

万贵妃墓南墙内立面第一段

第二段：墙帽残损严重，上身抹灰基本无存，毛石墙面裸露，墙体下碱砖酥碱、局部砖块缺失。

万贵妃墓南墙内立面第二段

第三段：墙帽残损严重，上身抹灰基本无存，毛石墙面裸露，墙体下碱砖酥碱、局部砖块缺失。

万贵妃墓南墙内立面第三段

第四段：墙帽残损严重，上身抹灰基本无存，毛石墙面裸露，墙体下碱砖酥碱、局部砖块缺失。

万贵妃墓南墙内立面第四段

第五段：墙帽残损严重，上身抹灰基本无存，毛石墙面裸露，墙体下碱砖酥碱、局部砖块缺失。

万贵妃墓南墙内立面第五段

第六段：墙帽残损严重，上身抹灰基本无存，毛石墙面裸露，墙体下碱砖酥碱、局部砖块缺失。

万贵妃墓南墙内立面第六段

第七段：墙帽残损严重，上身抹灰基本无存，毛石墙面裸露，墙体下碱砖酥碱、局部砖块缺失。

万贵妃墓南墙内立面第七段

第八段：墙帽残损严重，上身抹灰基本无存，毛石墙面裸露，墙体下碱砖酥碱、局部砖块缺失。

万贵妃墓南墙内立面第八段

第九段：东随墙门门洞封堵，上身灰浆大部分剥落，背里砖裸露，角柱石局部残损，仅存过木，糟朽变形严重；墙帽残损严重，上身抹灰基本无存，毛石墙面裸露，墙体下碱砖酥碱、砖块缺失严重。

万贵妃墓南墙内立面第九段

第十段：墙帽残损严重，上身抹灰基本无存，毛石墙面裸露，墙体下碱砖酥碱、局部砖块缺失严重。

万贵妃墓南墙内立面第十段

第十一段：园寝门仅存拔檐砖及少量残损滴子，过木糟朽变形弯垂严重，墙体上身抹灰大部缺失，下碱砖严重风化，局部基础缺失，仅存上槛，糟朽变形严重。

万贵妃墓南墙内立面第十一段

第十二段：墙帽残损严重，上身抹灰基本无存，毛石墙面裸露，墙体下碱砖酥碱、局部砖块缺失；西随墙门被封堵，墙帽缺失严重，上身灰浆剥落，背里砖裸露、大量缺失，仅存过木，糟朽变形严重

万贵妃墓南墙内立面第十二段

第十三段：西随墙门被封堵，墙帽缺失严重，上身灰浆剥落，背里砖裸露，仅存过木，糟朽变形严重，角柱缺失；墙帽残损严重，上身抹灰基本无存，毛石墙面裸露，墙体下碱砖酥碱、局部砖块缺失。

万贵妃墓南墙内立面第十三段

第十四段：墙帽残损严重，上身抹灰基本无存，毛石墙面裸露，墙体下碱砖酥碱、局部砖块缺失。

万贵妃墓南墙内立面第十四段

第十五段：墙帽残损严重，上身抹灰基本无存，毛石墙面裸露，墙体下碱砖酥碱、局部砖块缺失。

万贵妃墓南墙内立面第十五段

第十六段：墙帽残损严重，上身抹灰基本无存，毛石墙面裸露，存在鼓闪现象，墙体下碱砖酥碱、局部砖块缺失严重。

万贵妃墓南墙内立面第十六段

第十七段：墙帽残损严重，上身抹灰部分缺失，毛石墙面局部裸露，墙体下碱砖酥碱、局部砖块缺失。

万贵妃墓南墙内立面第十七段

第十八段：墙帽残损严重，上身抹灰部分缺失，毛石墙面局部裸露，墙体下碱砖酥碱、局部砖块缺失。

万贵妃墓南墙内立面第十八段

第十九段：墙帽残损严重，上身抹灰部分缺失，毛石墙面局部裸露，墙体下碱砖酥碱、局部砖块缺失。

万贵妃墓南墙内立面第十九段

第二十段：墙帽残损严重，上身抹灰部分缺失，毛石墙面局部裸露，存在鼓闪现象，墙体下碱砖酥碱、局部砖块缺失。

万贵妃墓南墙内立面第二十段

第二十一段：墙帽残损严重，上身抹灰部分缺失，毛石墙面局部裸露，墙体下碱砖酥碱，西段余下墙体受民房遮挡不可见。

万贵妃墓南墙内立面第二十一段

西墙外立面

万贵妃墓西墙外立面第一段

万贵妃墓西墙外立面第二段

万贵妃墓西墙外立面第三段

万贵妃墓西墙外立面第四段

万贵妃墓西墙外立面第五段

万贵妃墓西墙外立面第六段

万贵妃墓西墙外立面第七段

万贵妃墓西墙外立面第八段

万贵妃墓西墙外立面第九段

万贵妃墓西墙外立面第十段

西墙现状，墙帽残损严重，上身为毛石砌筑，抹靠骨灰基本无存，毛石墙面裸露；墙体下碱砖均酥碱、局部缺失。墙体表面过水痕迹明显，局部墙体存在鼓闪现象，经现场检查，墙体结构存在的主要残损现象如下：

（1）墙体表面裂缝

局部墙体存在裂缝，裂缝形态多为上下贯通的通长裂缝。

（2）墙体外鼓

局部墙体上身存在明显鼓闪现象。

（3）墙体砖缺失

局部墙体下碱砖块缺失。

7. 墙体倾斜测量

从墙体两侧测量墙体上端向外的倾斜程度，倾斜测量点位置分布示意图中数字表示墙体在 3.7 米高度范围内的倾斜测量点位置分布，共 87 个测量点，测量点 1 至 60 位于外立面，测量点 61 至 87 位于内立面，详细测量结果如下。

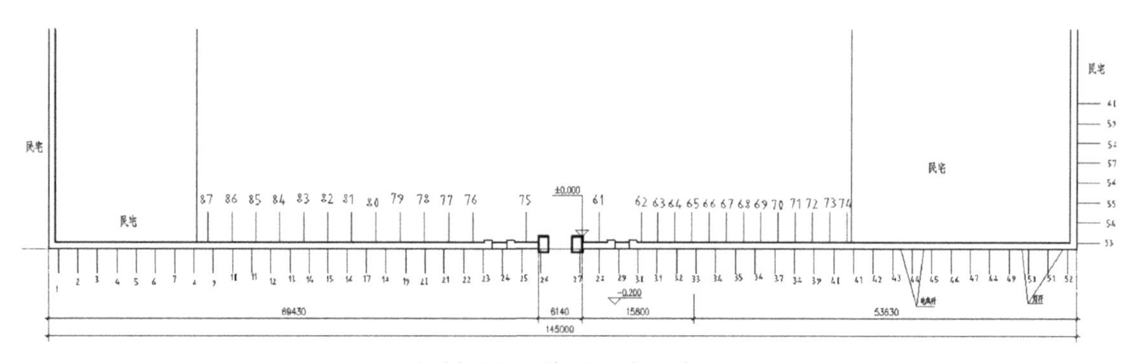

倾斜测量点位置分布示意图

墙体上端向外倾斜量数值

测量点	倾斜量（毫米）	测量点	倾斜量（毫米）	测量点	倾斜量（毫米）
1	0	31	0	61	0
2	0	32	0	62	30
3	0	33	0	63	0
4	0	34	12	64	0
5	0	35	0	65	0

续表

测量点	倾斜量（毫米）	测量点	倾斜量（毫米）	测量点	倾斜量（毫米）
6	0	36	0	66	0
7	0	37	0	67	36
8	0	38	0	68	0
9	0	39	0	69	78
10	47	40	0	70	92
11	48	41	0	71	84
12	115	42	0	72	80
13	120	43	0	73	72
14	128	44	0	74	26
15	130	45	0	75	0
16	100	46	0	76	0
17	110	47	0	77	0
18	98	48	0	78	0
19	94	49	0	79	0
20	0	50	0	80	0
21	0	51	0	81	0
22	0	52	38	82	0
23	0	53	0	83	0
24	0	54	0	84	0
25	0	55	0	85	0
26	0	56	0	86	0
27	0	57	0	87	0
28	0	58	22		
29	0	59	0		
30	0	60	11		

由测量结果可见：

南墙外立面：10–19 测量点间墙体外倾情况明显，最大外倾量为 130 毫米，约为墙厚的 13%，最小外倾量为 47，约为墙厚的 5%。

南墙内立面：62、67 测量点及 69–74 测量点间墙体外倾情况明显，最大外倾量为 92 毫米，约为墙厚的 9%，最小外倾量为 26 毫米，约为墙厚的 3%。

东墙南段外立面：52、58、60测量点处存在外倾现象，最大外倾量为38毫米，约为墙厚的4%，最小外倾量为11毫米，约为墙厚的1%。

综上：南墙西段外立面存在严重的外倾现象，墙体局部最大外倾量为130毫米，倾斜程度较大，依据《民用建筑可靠性鉴定标准》（GB50292—2015）中所规定，对顶点位移进行验算：H=4.45米＜7米，130毫米＞H/250=17.8毫米，结果表明该处墙体外倾量严重超限，评为Du级。

南墙东段内立面存在较为严重的外倾现象，墙体局部最大外倾量为92毫米，倾斜程度较大，依据《民用建筑可靠性鉴定标准》（GB50292—2015）中所规定，对顶点位移进行验算：H=4.45米＜7米，97毫米＞H/250=17.8毫米，结果表明该处墙体外倾量严重超限，评为Du级。

东墙外立面外立面存在一定程度的外倾现象，墙体局部最大外倾量为38毫米，倾斜程度较大，依据《民用建筑可靠性鉴定标准》（GB50292—2015）中所规定，对顶点位移进行验算：H=4.45米＜7米，38毫米＞H/250=17.8毫米，结果表明该处墙体外倾量严重超限，评为Du级。

8. 墙体主要损坏原因分析

8.1 墙体裂缝

墙体存在一处严重的竖向通长裂缝，对结构的耐久性有一定影响，其余墙体内部未出现明显开裂。局部地基沉降及墙体承载力不足容易引起墙体的开裂。

8.2 墙体倾斜与外鼓

南墙、东墙外倾量相对较大，超过了相关规范的限值，此类变形的原因可能为：

（1）墙体外侧贴建房屋的影响，由于局部墙体外侧均贴建了建筑物，贴建建筑物有的直接借用院墙作为外墙，有的紧靠着院墙另砌新墙，与院墙距离较小，贴建房屋在建造时和使用时都有可能对墙体施加外力影响，导致墙体出现变形。

（2）雨水影响：由于墙檐上部渗漏等因素的影响，雨水易进入墙体内部，雨水长时间的浸泡和冲刷，会造成内部填土及砌筑砂浆的流失，导致墙体疏松，使墙体的承载力大大降低。另外，由于墙体一侧贴建房屋很多，墙体下部长时间处于潮湿状态下，会导致墙砖酥碱粉化，降低墙体的承载力。

（3）墙体构造缺陷影响：墙体内部为土和碎砖填芯，且外包砖过薄，抵御雨水浸泡及外力影响能力差。

（4）冻融影响：北京冬夏温差和日夜温差很大，由于墙体内部含有水分，水分反复冻融造成填土反复膨胀收缩，将会导致填土越来越疏松，并导致墙体变形。

9. 检测鉴定结论与处理建议

9.1 检测鉴定结论

（1）地基基础勘查：墙基础为一层素土夯实、三层毛石砌筑，埋深在0.74米左右，基础坐落在素土层，主要成分为黏质粉土，均匀性较差。

（2）经结构外观检查：墙体多处存在裂缝；墙体普遍存在墙顶外倾的现象，大部分外倾程度较大；局部墙体出现明显外鼓。

（3）经雷达探查，墙体内部介质不够均匀，内部填土比较松散，且存在较多空隙。

（4）经检测，墙体砖的回弹强度西南角处和大门上身砖的强度等级处于MU10–MU15之间，大门西侧和大门东侧砖的强度等级大致处于MU10，东侧墙南段砖的强度等级处于MU5–MU10之间。由此可得出西南角处和大门上身砖的强度较高，保存状况较为良好，大门西侧和大门东侧砖面尚保持一定强度，东侧墙南段砖风化比较严重。西南角处、大门西侧、大门东侧三处毛石墙体的强度等级在MU40–MU50之间，东侧墙南段毛石墙体的强度等级略低于MU40。由此可得出西南角处、大门西侧、大门东侧三处毛石墙体的保存状况较为良好，强度均较高，东侧墙南段毛石墙体有轻微风化，强度有一定的下降。大门东侧以及东侧墙南段砖缝砂浆的抗压强度分别为1.9兆帕和1.7兆帕，大门东侧以及东侧墙南段毛石墙体缝砂浆的抗压强度分别为0.5兆帕和0.7兆帕。

综上，墙体存在构造缺陷，且已出现较多坏损现象。其中，墙体普遍存在墙顶外倾的现象，大部分外倾程度较大，局部墙体出现明显外鼓，已经影响了结构的安全和正常使经用，有必要尽快采取加固或其他相应措施。

9.2 加固处理建议

（1）建议对全部墙体进行加固处理，可采用满墙压力注浆加固的方式，局部位置宜采用锚杆拉结，加固应在有支护的条件下进行；对于部分外倾程度较大的墙体，也可采取拆除重砌的方式。

（2）由于墙体顶部瓦面缺失、破损严重，为防止雨水对墙体与基础产生不利影响，建议在墙体上部恢复顶部瓦面，并在墙体两侧设置散水及排水沟。

（3）在墙体采取加固或其他相应措施之前，为保障墙体的使用安全，建议对墙体进行变形监测及振动监测，变形监测应包括墙体水平位移监测、倾斜监测、裂缝监测以及墙体地基沉降监测等内容，测点宜按相关规范要求进行布置，采用全站仪等设备进行定期观测，尤其是连阴雨和暴雨季节，如果发现异常，应及时向相关单位进行报告。

第七章　神路桥结构安全检测鉴定

1. 工程概况

1.1 建筑简况

十三陵神路桥位于北京市昌平区。1961 年 3 月 4 日明十三陵被国务院列为“全国第一批重点文物保护单位”。神路五孔桥下是干涸的河床，桥北是定陵道口与景陵御道交汇处。该桥建于明万历四年（1576 年），桥体连拱式结构，上部拱券主要用青砖码砌。沿拱碹为花岗石，下部为石料外墙青砖芯的尖状墩台。桥长约 42 米，桥面净宽约 12 米，五孔的中间为大孔，跨径约 5 米，两旁的二孔跨径各约 4.5 米，边上的二孔跨径各约 4 米。

1.2 现状立面照片

神路桥全景

1.3 建筑测绘图

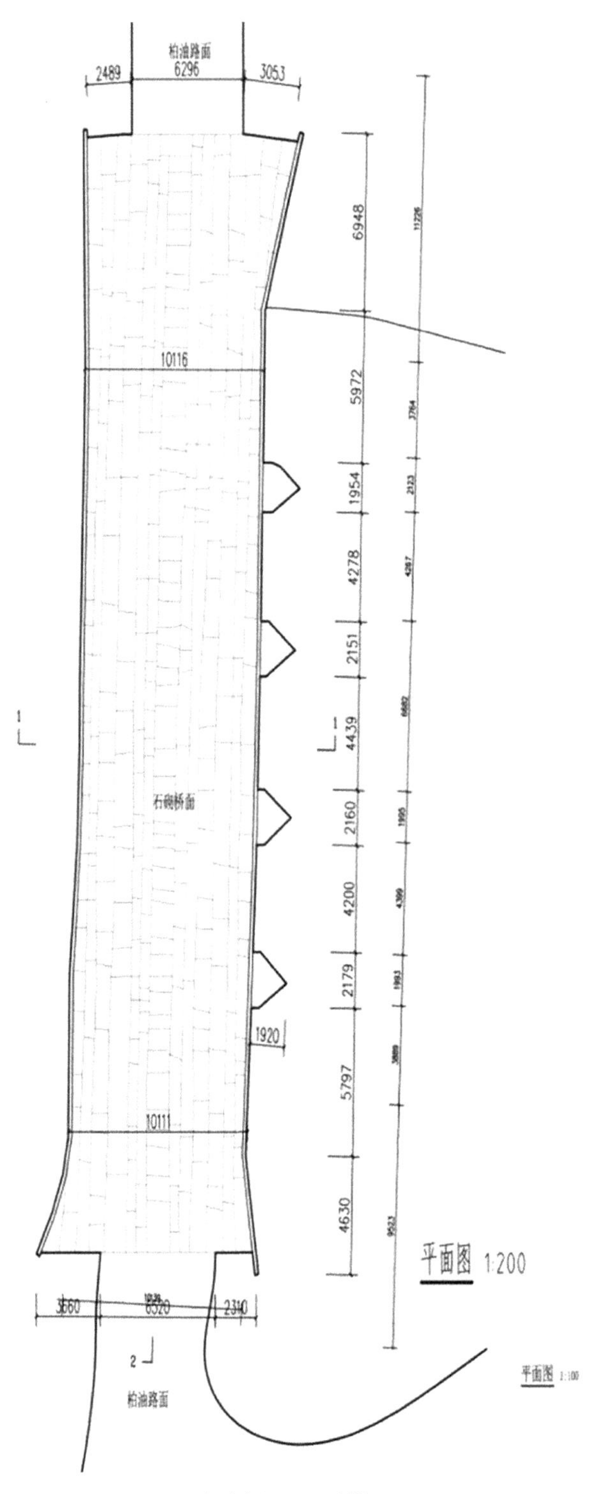

神路桥平面测绘图

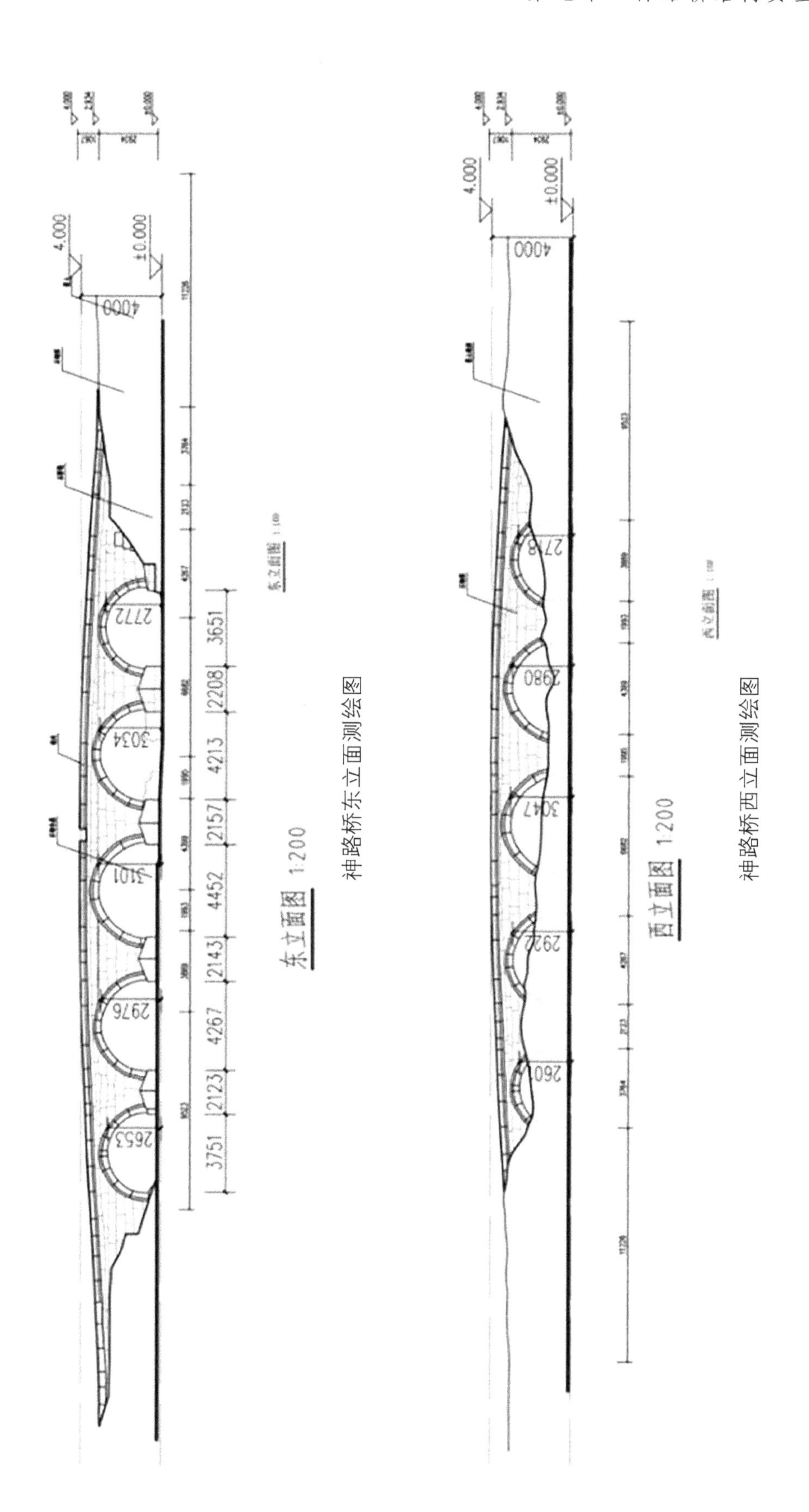

神路桥东立面测绘图

神路桥西立面测绘图

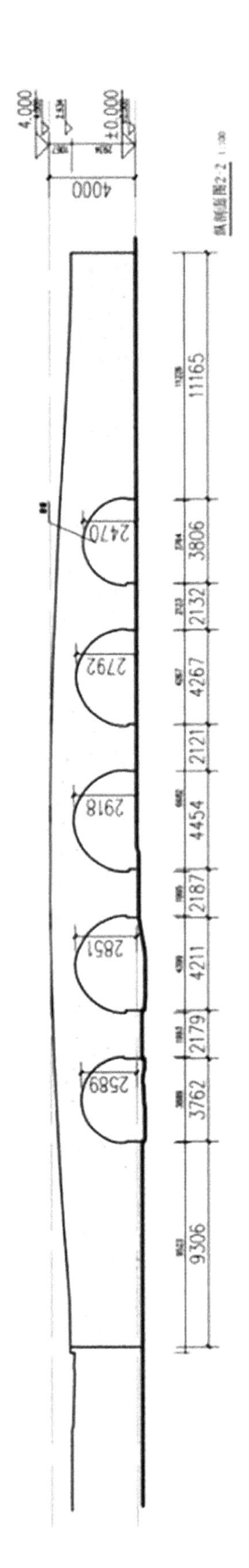

剖立面图(1) 1:200

神路桥剖面测绘图（一）

剖立面图(2) 1:200

神路桥剖面测绘图（二）

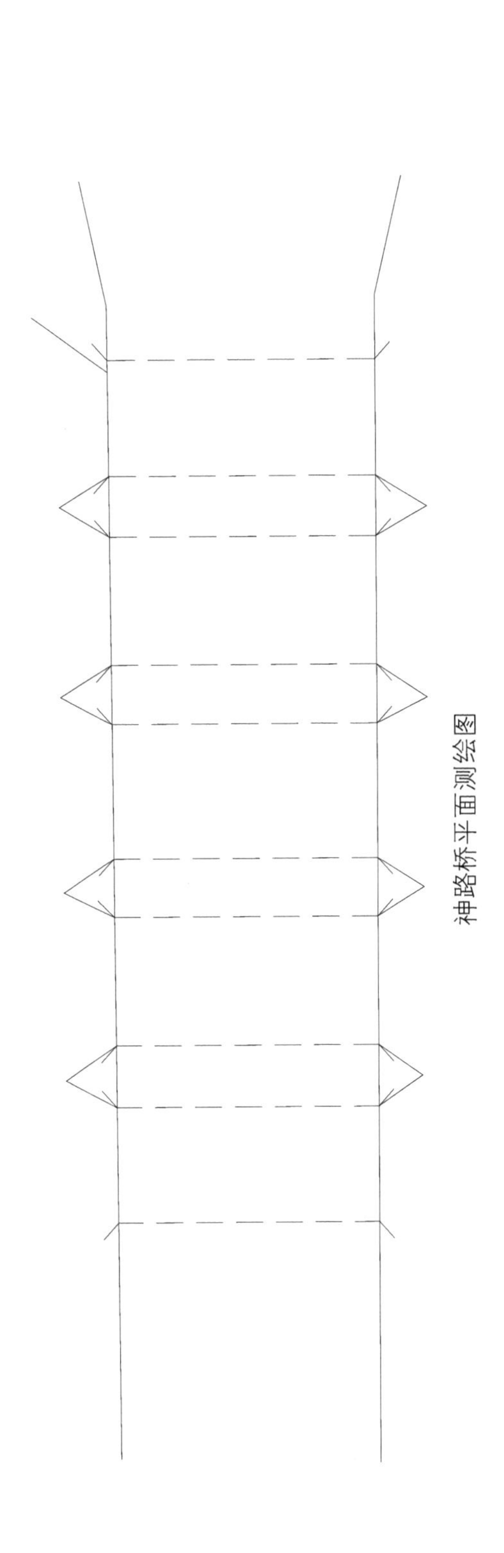

神路桥平面测绘图

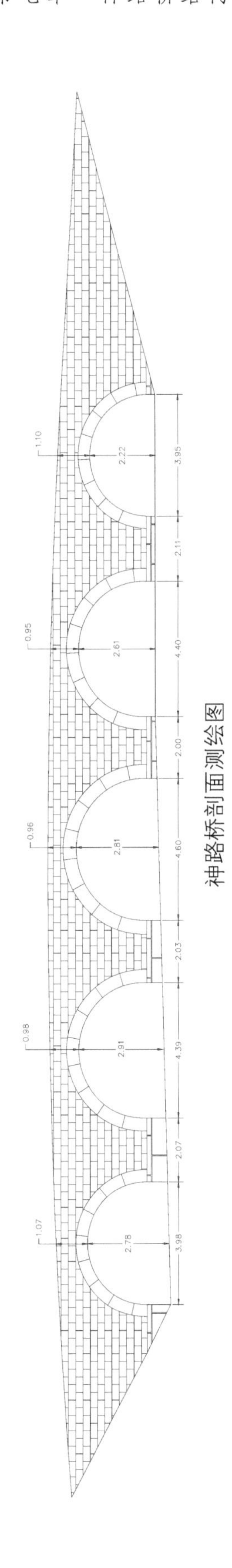

神路桥剖面测绘图

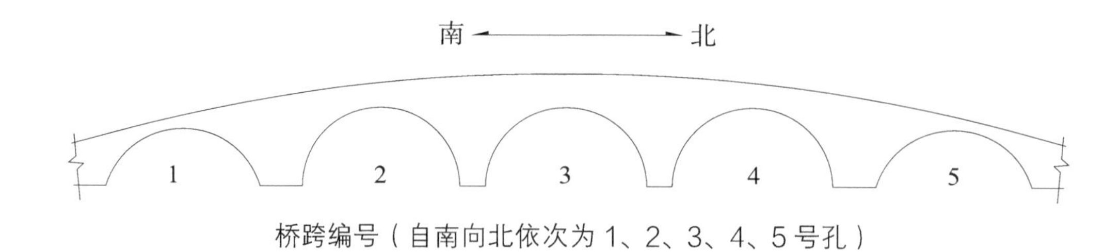

桥跨编号（自南向北依次为 1、2、3、4、5 号孔）

2. 病害检查评定

2.1 桥面铺装及公用系检查评定

桥面已经被禁止通行，桥面条石坑洼不平，磨损痕迹严重，条石缝隙中长出杂草。桥面铺装及公用系具体病害如下：

神路桥南部桥面

2.2 上部主要承重构件检查评定

上部结构为 5 跨连续石拱桥梁，桥长约 42 米，桥面净宽约 12 米，五孔的中间为大孔，跨径约 5 米，两旁的二孔跨径各约 4.5 米，边上的二孔跨径各约 4 米。拱券内部拱石脱落严重，多处分布纵桥向裂缝，拱券拱石外倾，拱脚损伤。

桥梁上部主要承重构件病害如下：

神路桥 1 号孔内券西南部砖脱落，内券纵桥向裂缝

神路桥 1 号孔内券南部砖脱落，内券纵桥向裂缝

神路桥 1 号孔内券东南部砖脱落，内券纵桥向裂缝

神路桥 1 号孔内券西部砖脱落，内券纵桥向裂缝

神路桥 1 号孔内券北部砖脱落，内券纵桥向裂缝

神路桥 1 号孔内券南部砖脱落，内券纵桥向裂缝

神路桥 1 号孔内券西北部砖脱落，内券纵桥向裂缝

神路桥 2 号孔内券东南部砖脱落，内券纵桥向裂缝

神路桥 2 号孔内券东部龙门券外倾，内券砖脱落，内券纵桥向裂缝

神路桥 2 号孔内券西部龙门券外倾，内券砖脱落，内券纵桥向裂缝

神路桥 2 号孔内券南部砖脱落，内券纵桥向裂缝

神路桥 2 号孔内券西南部砖脱落，内券纵桥向裂缝

神路桥 2 号孔内券北部龙门券外倾，内券砖脱落，内券纵桥向裂缝

神路桥 2 号孔内券北部砖脱落，内券纵桥向裂缝

神路桥 2 号孔内券西北部龙门券外倾，内券砖脱落，内券纵桥向裂缝

神路桥 3 号孔内券东南部龙门券外倾，内券砖脱落，内券纵桥向裂缝

神路桥 3 号孔内券西南部砖脱落，内券纵桥向裂缝

神路桥 3 号孔内券东南部龙门券外倾，内券砖脱落，内券纵桥向裂缝

神路桥 3 号孔内券北部龙门券外倾，内券砖脱落，内券纵桥向裂缝

神路桥 3 号孔内券西南部砖脱落，内券纵桥向裂缝

神路桥 3 号孔内券东北部砖脱落，内券纵桥向裂缝

神路桥 3 号孔内券南部砖脱落，内券纵桥向裂缝

神路桥 3 号孔内券东南部砖脱落，内券纵桥向裂缝

神路桥 4 号孔内券南部砖脱落，灰缝脱落

神路桥 4 号孔内券西南部砖脱落

神路桥 4 号孔内券西南部砖脱落

神路桥 4 号孔内券西北部砖脱落

神路桥 4 号孔内券南部砖脱落

神路桥 4 号孔内券西南部砖脱落，内券纵桥向裂缝

神路桥 4 号孔内券北部砖脱落，内券纵桥向裂缝，龙门券裂缝

神路桥 4 号孔内券北部砖脱落，内券纵桥向裂缝

神路桥 4 号孔内券西北部砖脱落，内券纵桥向裂缝

神路桥 5 号孔内券东南部砖脱落，内券纵桥向裂缝

神路桥 5 号孔内券南部砖脱落，内券纵桥向裂缝

神路桥 5 号孔内券西南部砖脱落

神路桥 5 号孔内券南部龙门券外倾、灰缝脱落

神路桥 5 号孔内券南部砖脱落，内券纵桥向裂缝

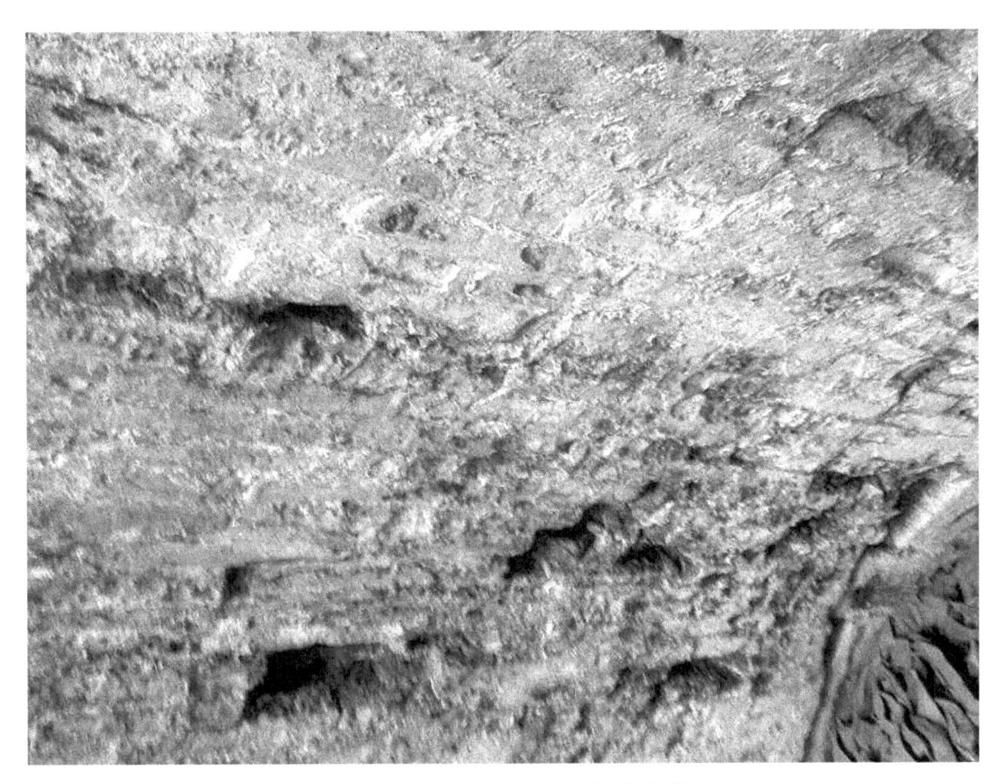

神路桥 5 号孔内券西南部砖脱落

神路桥 5 号孔内券东北部砖脱落，龙门券外倾、灰缝脱落

神路桥 5 号孔内券西北部砖脱落，内券纵桥向裂缝

植物从桥墩内部长出，对桥墩体系将造成极大的危害

植物从桥面石缝中长出来，使整个桥面系统上下穿透，漏水

2.3 全桥技术状况评定

根据《公路桥梁技术状况评定标准》(JTG/T H21—2011)中评定方法，桥梁技术状况评定包括桥梁构件、部件、桥面铺装及公用系、上部结构、下部结构和全桥评定。公路桥梁技术状况的评定采用分层综合评定与五类单向指标相结合的方法，先对桥梁各构件进行评定，然后对桥梁各部件进行评定，再对桥面铺装及公用系、上部结构和下部结构分别进行评定，然后进行桥梁总体技术状况的评定。

在对桥面铺装及公用系、上部结构、下部结构技术状况进行评定时，各部件的权重值根据桥梁类型按规范规定值取值，对于缺失构件的权重用将缺失部件权重值按照既有部件权重在全部既有部件权重中所占比例进行重新分配。

神路桥的技术状况评定结果如下：

神路桥技术状况评定表

部位	类别 i	评价部件	部件权重	部件评定值	部位权重	部位评定值
上部结构	1	上部承重构件	0.7	45	0.4	46.5
	2	上部一般构件	0.3	50		
	3	支座	0	0		
下部结构	4	翼墙、耳墙	0.02	40	0.4	38.5
	5	锥坡、护坡	0.18	40		
	6	桥墩	0	0		
	7	桥台	0.7	35		
	8	墩台基础	0.1	60		
	9	河床	0	0		
	10	调治构造物	0	0		
桥面铺装及公用系	11	桥面铺装	0.4	40	0.2	19.5
	12	伸缩缝装置	0.25	0		
	13	人行道	0	0		
	14	栏杆、护栏	0.2	0		
	15	排水系统	0.1	35		
	16	照明、标志	0.05	0		
技术状况评分 Dr		37.9	技术状况等级 Dj	5 类		

根据技术状况评定结果，得出如下结论：

神路桥的技术状况评分 Dr 值为 37.9，桥梁总体技术状况等级评定为 5 类，主要构件存在严重缺损，不能正常使用，危及桥梁安全，桥梁处于危险状态。

3. 地质雷达检测和超声测强

通过现场数据采集、室内资料处理及分析，地质雷达法在委托方指定检测范围内布设的 27 条测线上未发现明显的异常，检测区域密实，无空洞和水囊等不良地质体。超声波法检测在指定的构件上未发明显的缺陷。

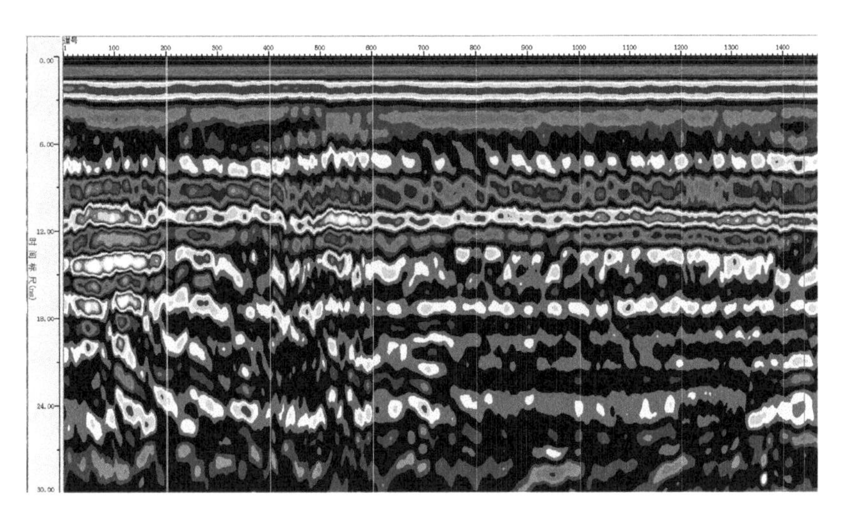

神路桥桥顶面地质雷达剖面图

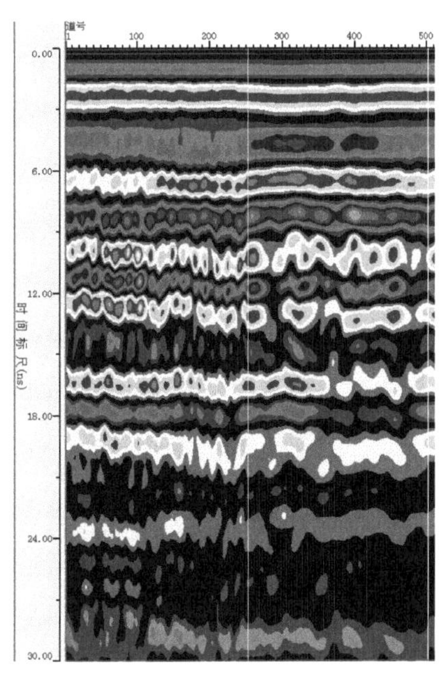

神路桥桥墩基础地质雷达剖面图

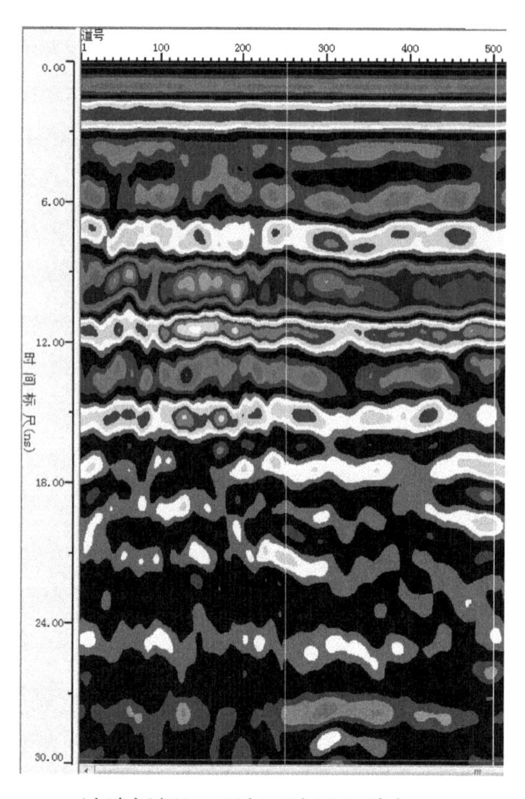

神路桥桥洞下地面地质雷达剖面

4. 超声回弹综合法和碳化深度检测

通过对检测成果的细致分析，参照相关规范的计算结果如下：

超声回弹综合法检测结果

测点 测区	1	2	3	4	5	6	7	8	9	10	11	12	13	14	15	16	碳化深度（毫米）	平均值（兆帕）	换算值（兆帕）	声速代表值（千米/秒）	备注
1	51	52	52	56	55	49	48	59	56	55	53	52	51	50	53	57	2.5	53.0	57.8	5.61	石墩
2	54	55	57	55	53	47	49	60	51	55	54	51	49	52	49	50	2.5	52.4	56.5	5.52	石墩
3	49	51	52	53	54	57	61	54	55	53	56	57	51	53	55	40	2.5	53.6	59.2	5.89	石墩
4	55	54	57	59	56	53	52	51	49	48	47	49	60	51	53	54	2.5	52.8	57.4	5.79	石墩
5	57	56	52	53	55	51	49	50	53	51	49	50	52	53	51	49	2.5	51.6	54.8	5.45	石墩
6	53	55	57	54	52	51	48	49	52	51	49	55	57	56	53	51	2.5	52.7	57.2	5.57	石墩
7	57	56	55	53	49	53	57	52	54	54	52	51	47	49	46	50	2.5	52.3	56.3	5.50	石拱面

续表

测点 测区	1	2	3	4	5	6	7	8	9	10	11	12	13	14	15	16	碳化深度（毫米）	平均值（兆帕）	换算值（兆帕）	声速代表值（千米/秒）	备注
8	45	43	52	49	43	52	52	53	50	47	46	44	39	43	43	55	2.5	51.2	53.9	5.43	石拱面
9	41	53	48	53	57	53	46	49	53	45	43	42	46	43	49	48	2.5	53.0	52.7	5.32	石拱面
10	36	52	39	53	45	45	46	34	50	39	47	45	49	39	44	42	2.5	51.0	59.2	5.90	石拱面
11	46	43	45	47	51	48	50	57	54	52	53	48	45	46	56	44	2.5	53.2	56.8	5.71	石拱面
12	51	41	51	51	45	43	42	42	51	45	39	51	47	53	49	46	2.5	51.7	55.6	5.63	石拱面
13	41	45	43	44	47	48	50	51	42	45	44	46	49	50	44	45	3.0	45.7	41.3	4.37	砌砖
14	43	43	45	47	45	44	47	50	40	43	47	45	50	42	44	43	3.0	44.6	39.3	4.16	砌砖
15	44	45	50	45	42	43	45	48	39	42	43	44	51	52	45	47	3.0	44.9	39.9	4.05	砌砖
16	47	47	48	43	45	46	47	47	45	41	42	45	47	48	46	51	3.0	46.2	42.2	4.38	砌砖

5. 桥面平整度检测

通过对检测成果的细致分析，参照相关规范的计算结果如下表：

桥面平整度检测结果

序号	检测点	最大间隙（毫米）	序号	检测点	最大间隙（毫米）	备注
1	1	12.2	11	11	24.2	
2	2	22.4	12	12	16.8	
3	3	26.6	13	13	24.4	
4	4	36.4	14	14	28.2	
5	5	24.6	15	15	22.6	
6	6	22.8	16	16	20.6	
7	7	18.6	17	17	16.8	
8	8	22.4	18	18	24.6	
9	9	26.2	19	19	27.4	
10	10	16.2	20	20	14.8	
平整度标准差 σ（毫米）		6.23			4.40	

6. 动力特性试验

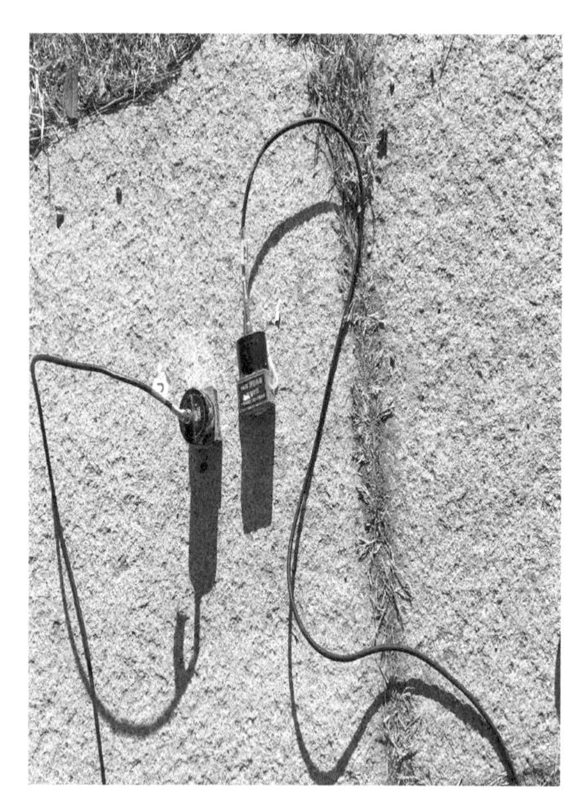

横向振动测点及竖向振动测点

桥面振动测点布置

桥梁的动力特性分析结果如下：

由加速度时程响应及频谱分析图可见，在环境振动作用及梁顶跨中人体跳跃冲击荷载作用下，1～5号竖向振动测点在20赫兹处均出现明显峰值，6～8号横向振动测点在15赫兹处均出现明显峰值。依据环境振动法和冲击振动试验法及桥梁结构模态分析原理可知，20赫兹、15.0赫兹分别为拱桥的竖向自振频率及横向自振频率。

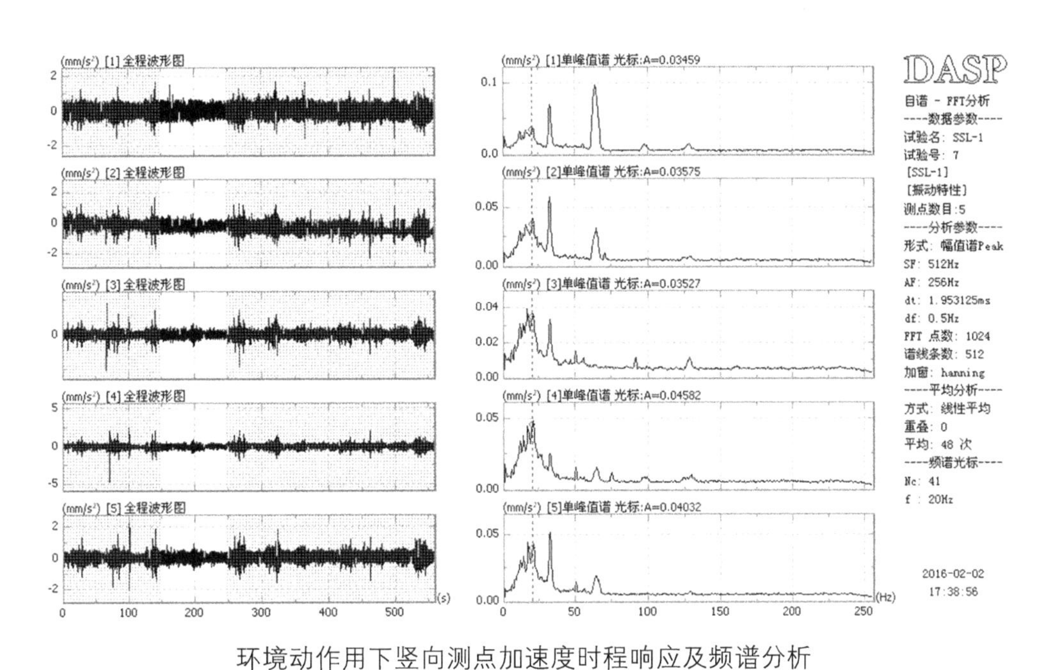

环境动作用下竖向测点加速度时程响应及频谱分析

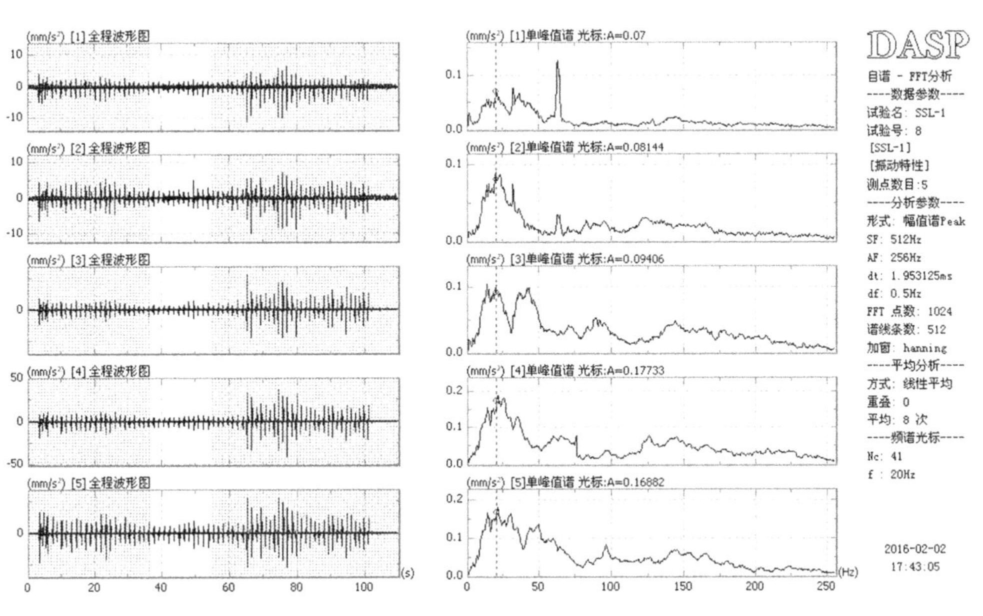

人体跳跃冲击荷载作用竖向测点加速度时程响应及频谱分析

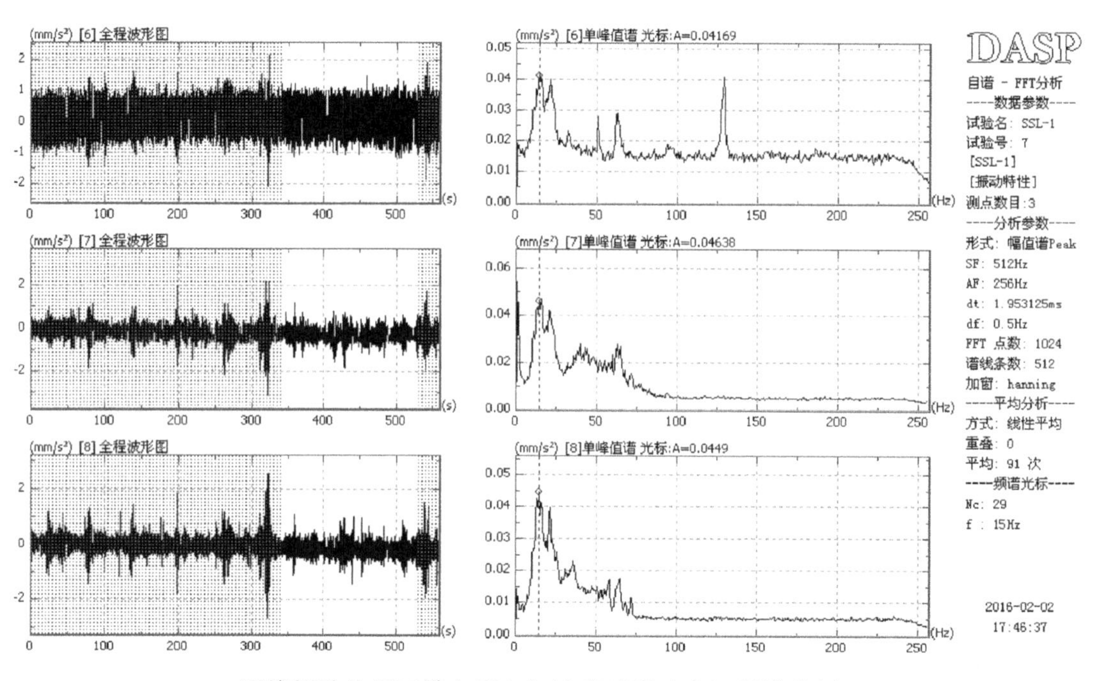

环境振动作用下横向测点加速度时程响应及频谱分析

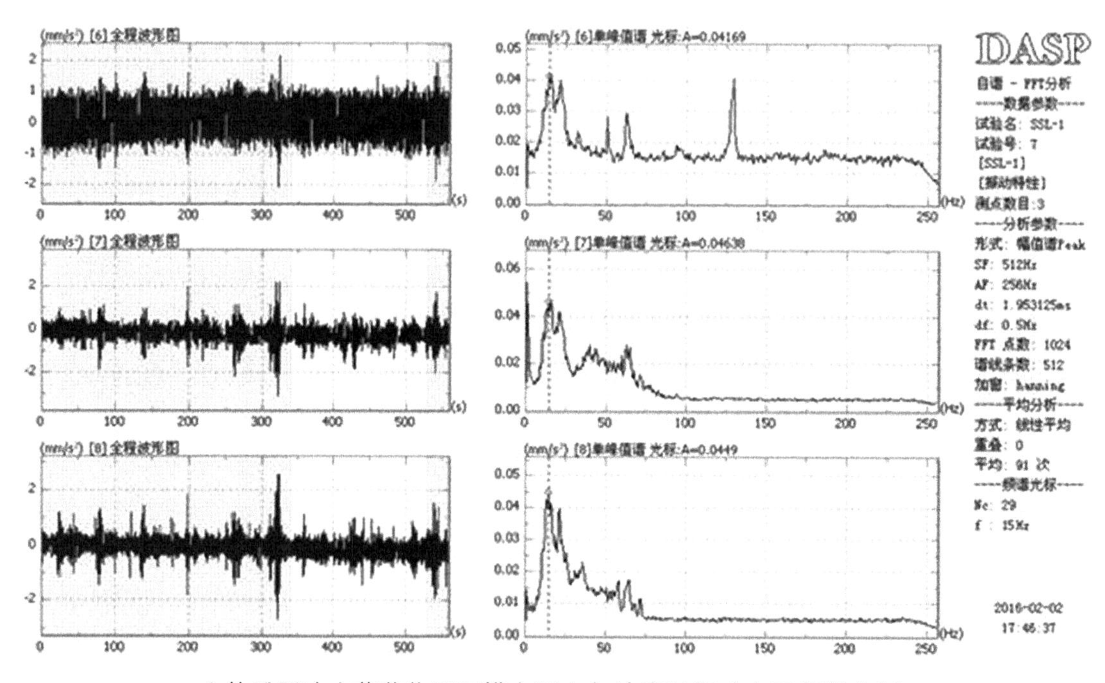

人体跳跃冲击荷载作用下横向测点加速度时程响应及频谱分析

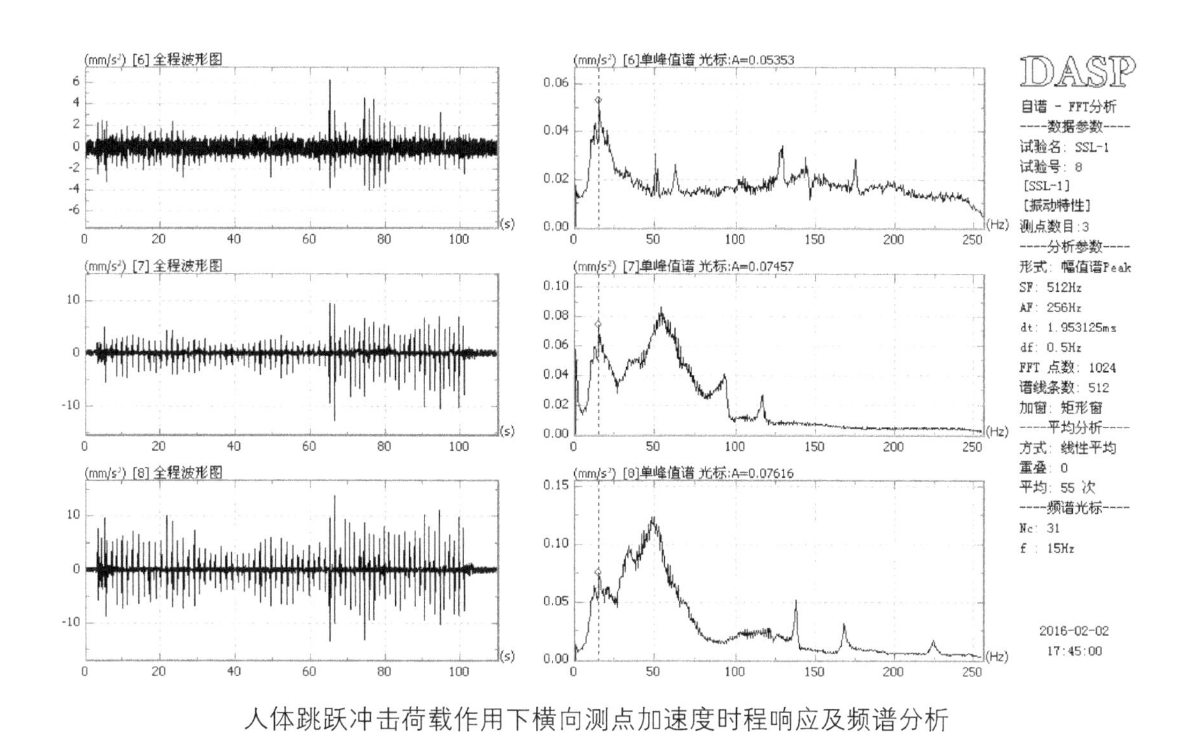

人体跳跃冲击荷载作用下横向测点加速度时程响应及频谱分析

7. 三维扫描测绘成果及分析

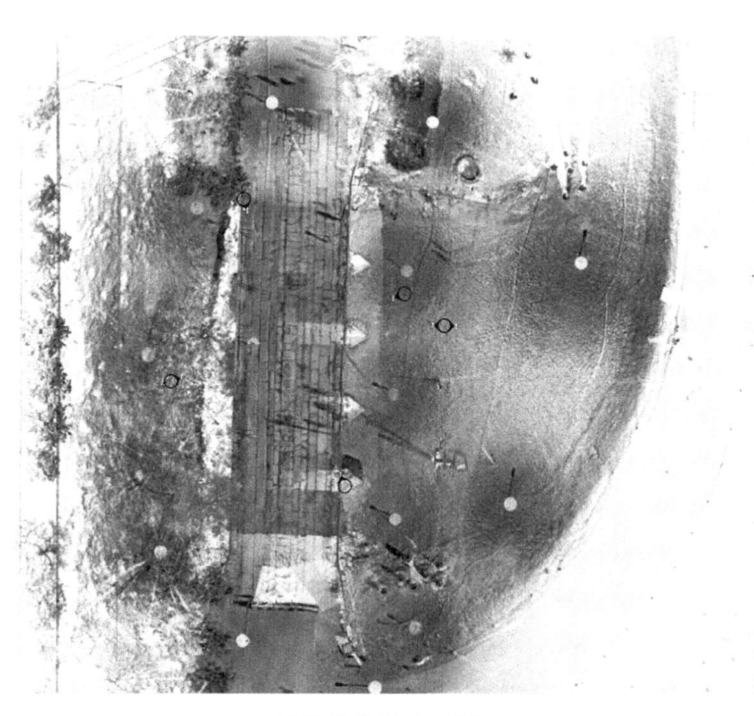

神路桥俯视点云图

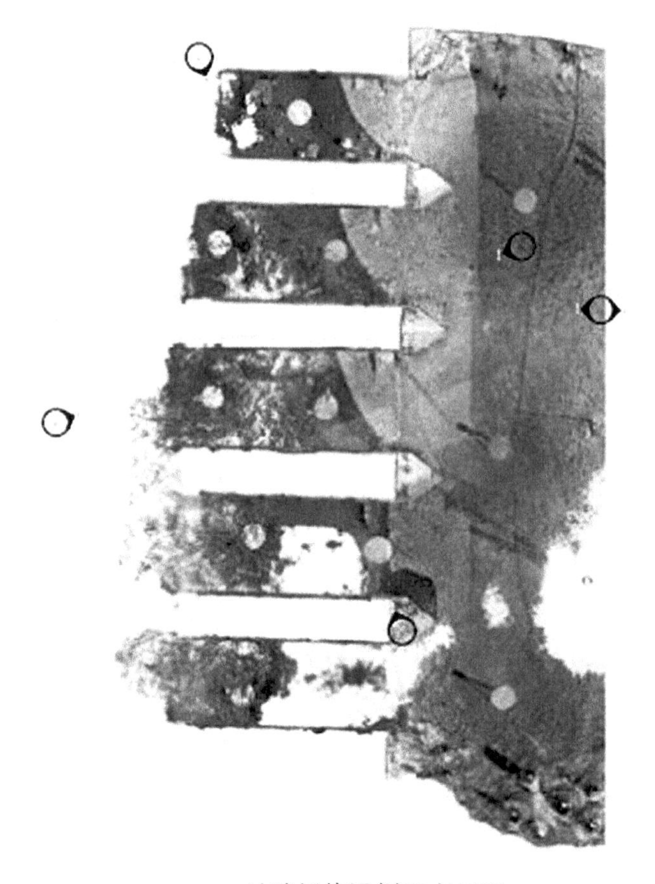

神路桥俯视剖面点云图

神路桥东向点云图

神路桥西向点云图

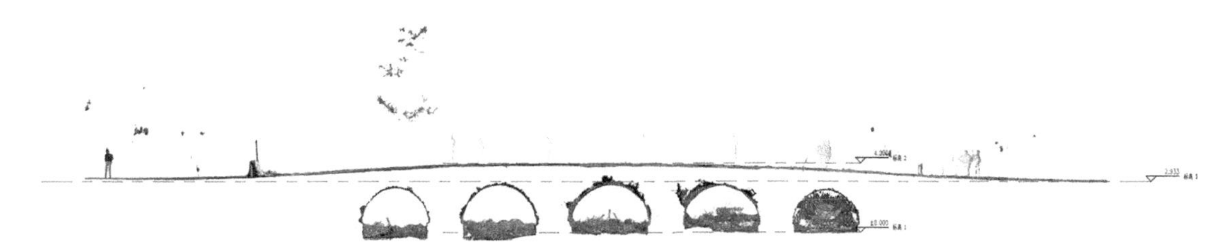

神路桥东向剖面点云图

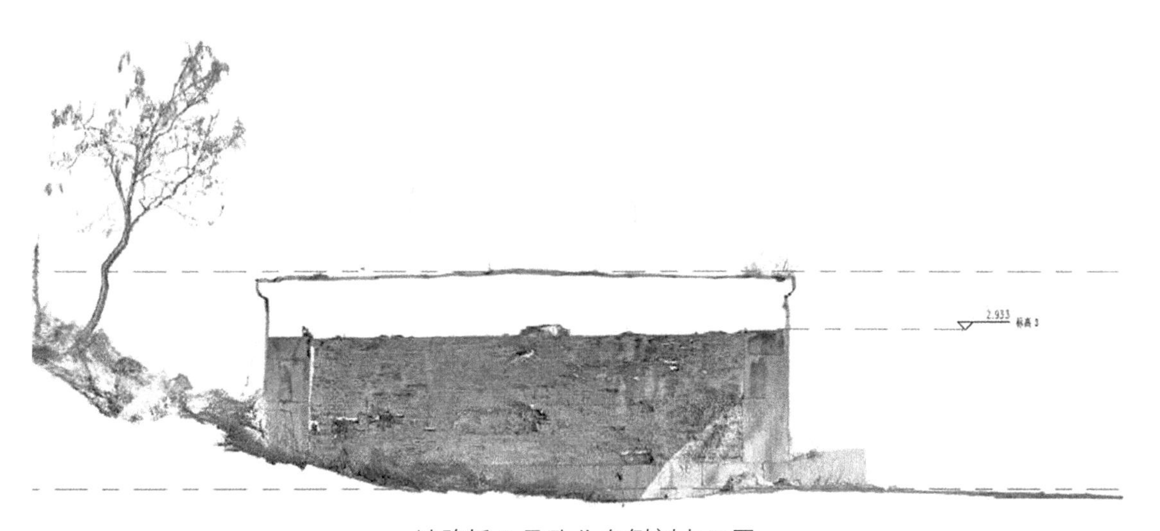

神路桥 3 号孔北向侧剖点云图

神路桥点云模型图（一）

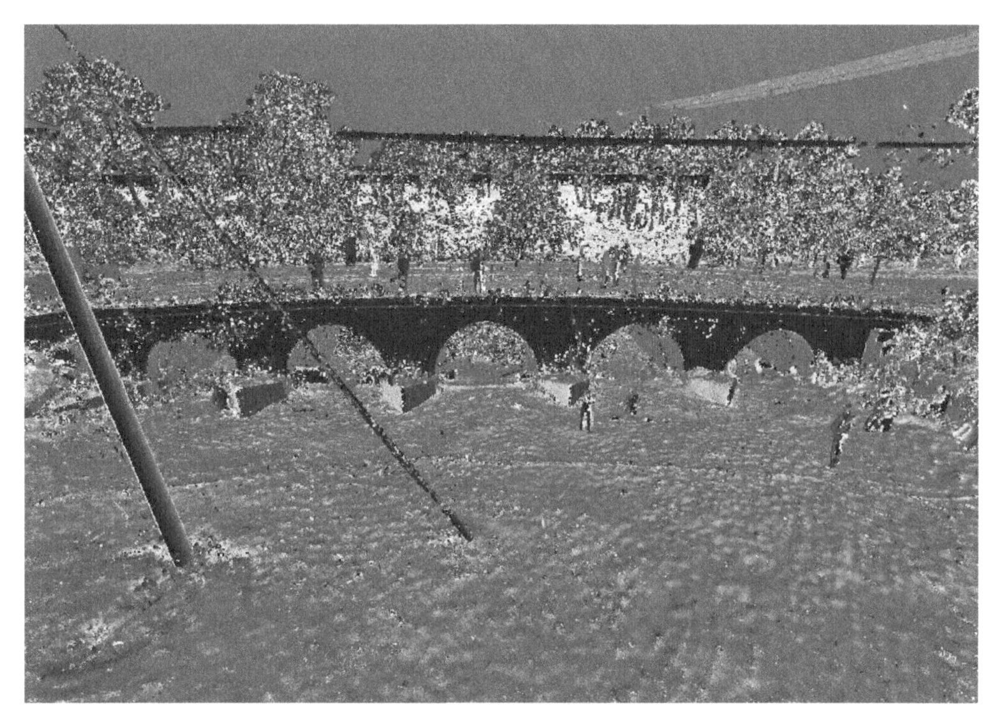

神路桥点云模型图（二）

神路桥点云模型图（三）

测绘分析：由三维数据的整体剖面图可以分析出来，标高是以左起3号桥洞为基本参照，1号桥洞与5号桥洞的高度差异性较大，4号桥洞有明显变形，3号和5号轻微变形。

结论：桥梁存在变形、不均匀沉降及倾斜，且内部砖石脱落，存在安全隐患。

8. 检测结论与建议

8.1 检测结论

根据对神路桥的检测结果，得出结论如下：

（1）根据《公路桥梁技术状况评定标准》（JTG/T H21—2011）中评定方法，神路桥的技术状况评分Dr值为37.9，桥梁总体技术状况等级评定为5类，主要构件存在严重缺损，不能正常使用，危及桥梁安全，桥梁处于危险状态。

（2）通过现场数据采集、室内资料处理及分析，地质雷达法在委托方指定检测范围内布设的27条测线上未发现明显的异常，检测区域密实，无空洞和水囊等不良地质体。超声波法检测在指定的构件上未发明显的缺陷。

（3）通过超声回弹检测桥梁强度可知：桥墩强度的换算值为54.8兆帕，石拱面强度的换算值为52.7兆帕，砌砖的换算值为39.3兆帕。

（4）依据环境振动法和冲击振动试验法及桥梁结构模态分析原理可知，拱桥的竖向自振频率及横向自振频率分别为20赫兹、15.0赫兹。

（5）通过三维激光扫描仪采集的数据整理出的图像，桥梁存在变形、不均匀沉降及倾斜。

8.2 建议

对神路桥进行文物修复，并加强保护，防止其进一步劣化损毁；划定必要的保护范围，作出标志说明，建立记录档案，并区别情况分别设置专门机构或者专人负责管理。

第八章　景陵方城结构安全检测鉴定

1. 建筑概况

1.1 建筑简况

景陵，位于明十三陵陵区东北部天寿山东峰下，是明朝第五代皇帝宣宗朱瞻基（年号宣德）与皇后孙氏的合葬陵寝。陵宫朝向为南偏西，占地约 2.5 万平方米，前方后圆且十分修长，是十三陵中除思陵外最小的一座帝王陵。前面的二进方院和后面的宝城连成一体，其神道从长陵神道北五空桥南向东分出，长约 1.5 公里，途中建单空石桥一座。中轴线上依次修建祾恩门、祾恩殿、三座门、棂星门、石供案、方城、明楼等建筑。

嘉靖十五年（1536 年）四月二十七日，明世宗朱厚熜亲阅长、献、景三陵，见景陵规制狭小，对从臣郭勋等说："景陵规制独小，又多损坏，其于我宣宗皇帝功德之大，殊为勿称。当重建宫殿，增崇基构，以隆追报。"根据《帝陵图说》记载，增崇基构后的景陵祾恩殿，"殿中柱交龙，栋梁雕刻，藻井花鬘，金碧丹漆"，殿中有暖阁三间，黼座（帝座）地屏直到康熙年间犹有存者。此外，嘉靖年间还在陵前增建了神功圣德碑亭。

清乾隆五十至五十二年（1785—1787 年），清廷曾对明陵进行一次较大规模的修缮。为省工省料，景陵的祾恩门、祾恩殿均被缩小间量重建，两庑配殿及神功圣德碑亭因残坏而拆除。

现今，神功圣德碑亭仅存石碑及台基，碑亭后尚存一段神道，中间为城砖墁砌的神道，两侧路面现已无存。祾恩门现存明代台基前，有明代月台遗址，两侧踏跺已毁，前有砖墁礓礤。台基上明代柱础石已不存，中间存留清代缩建祾恩门台基，上有门砧石、柱础石遗存，前后都建有清代缩建的连三踏跺，现保存完整。1955 年修缮时，在旧址上新砌两道陵墙，中设一门，安装铁栅栏门。陵内的祾恩殿台基仍是嘉靖年间改建后的遗存，从遗存的明代方形檐柱柱础石分布可以看出，该殿原制面阔五间，进深

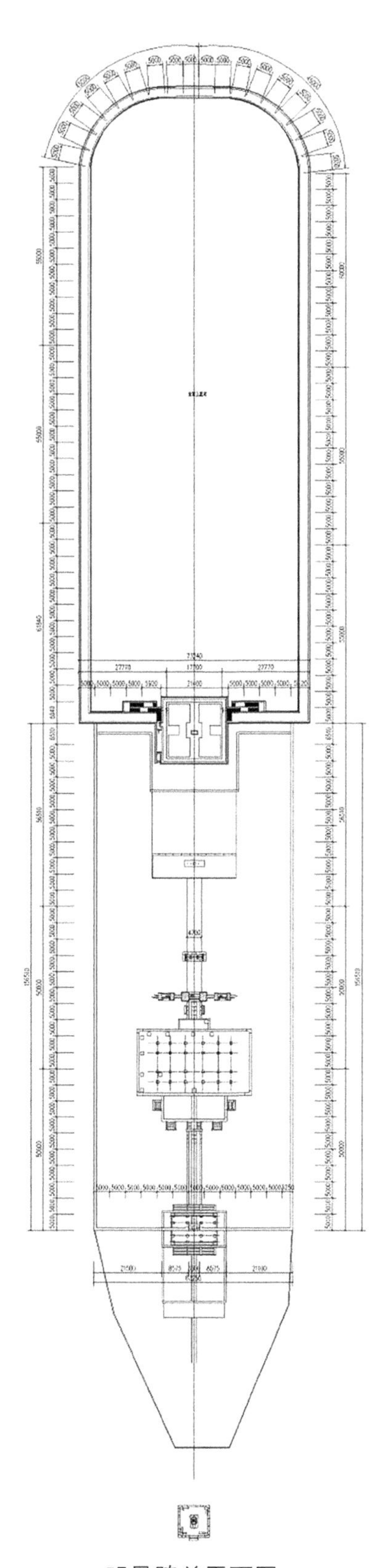

明景陵总平面图

三间，后有抱厦一间，另从有鼓镜的柱础石则是清代遗存可以看出清时祾恩殿改建后面阔、进深间数不变，但都将间量进行了缩小，柱网分布发生了变化。前面的神道石雕二龙戏珠图案，比献陵中的一色云纹显得更为精致壮观。

三座门将前后院落分隔开，但如今其东西两侧垣墙无存，三座门以北坐落着棂星门，神道一直向北延伸至石五供，景陵的方城明楼就坐落在石五供北侧的石砌高台之上。方城明楼北侧即是宝城，位于南侧的宝城墙便砌筑在高台的东西两侧之上。

方城坐北朝南，由砖砌筑而成，建筑平面呈矩形，由下至上逐渐内收、存在明显收分。方城南北两侧各设有券洞，现券洞内部区域已被封堵。方城东西两侧与宝城墙相接，近方城北侧的东西两侧各设有马道通向北侧宝城。据悉，现状中西侧的多踏步石梯为二十世纪修缮后改。方城坐落在下方高台之上并以其作为建筑基础。主要建筑明楼坐落在方城之上。

1.2 现状立面照片

中轴北望整体现状

方城现状照片

明楼现状照片

1.3 建筑测绘图

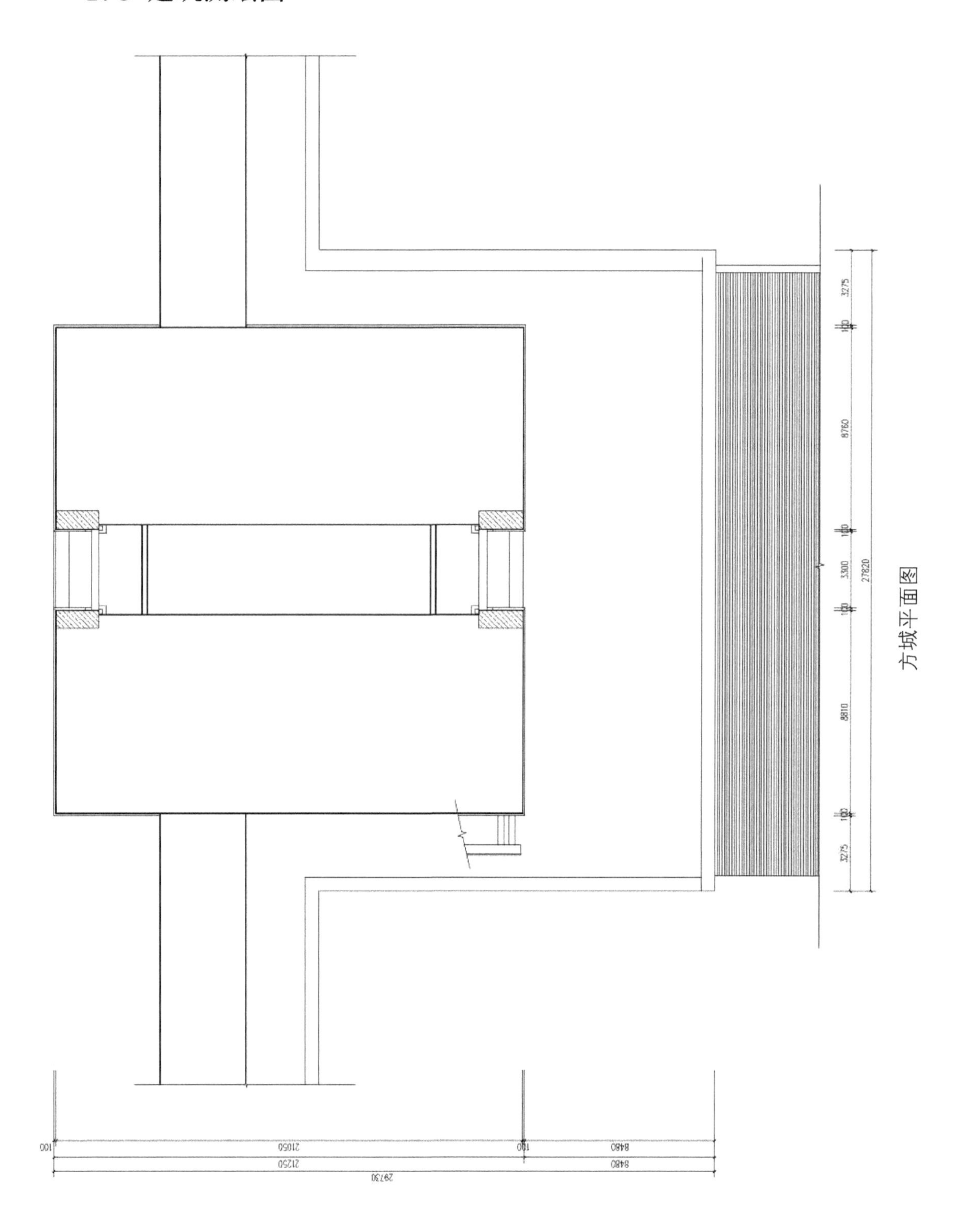

方城平面图

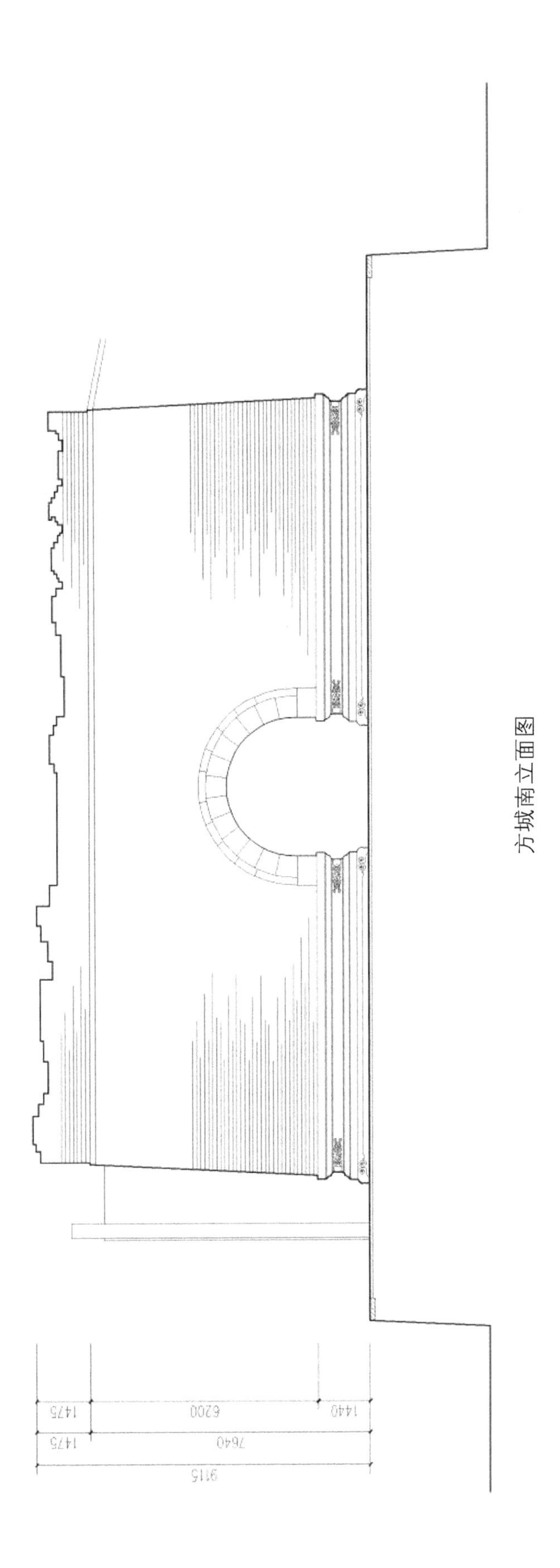

方城南立面图

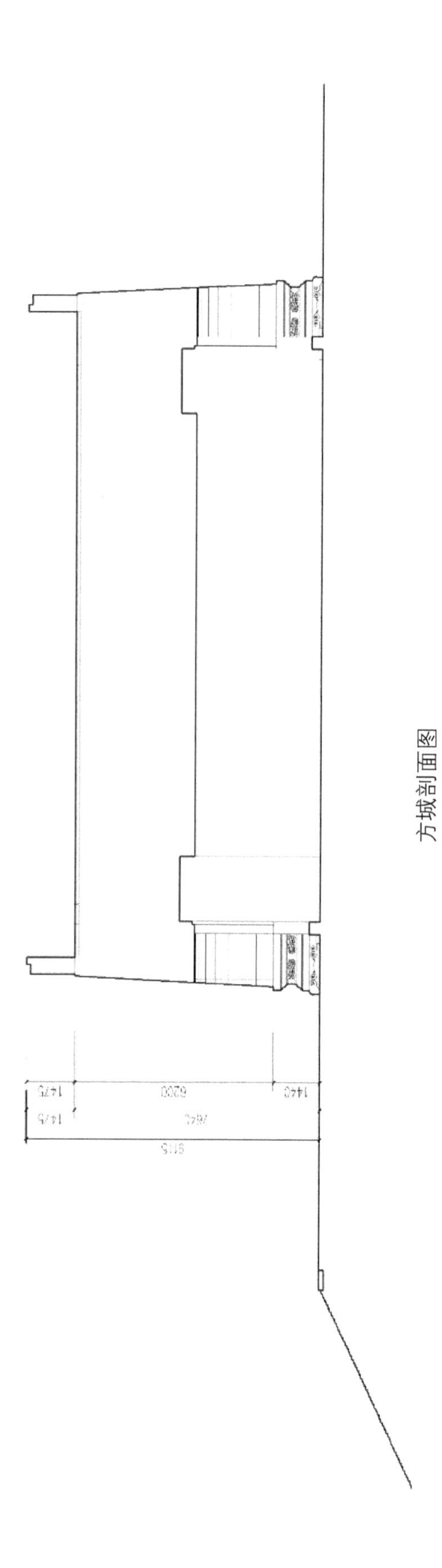

方城剖面图

2. 结构振动测试

现场使用 INV9580A 型超低频测振仪、Dasp-V11 数据采集分析软件对结构进行振动测试，测振仪放置在方城上方平台上，主要测试结果如下表所示；同时测得结构水平最大响应为 0.007 毫米 / 秒。

结构振动测试结果

方向	峰值频率（赫兹）
水平向	3.5

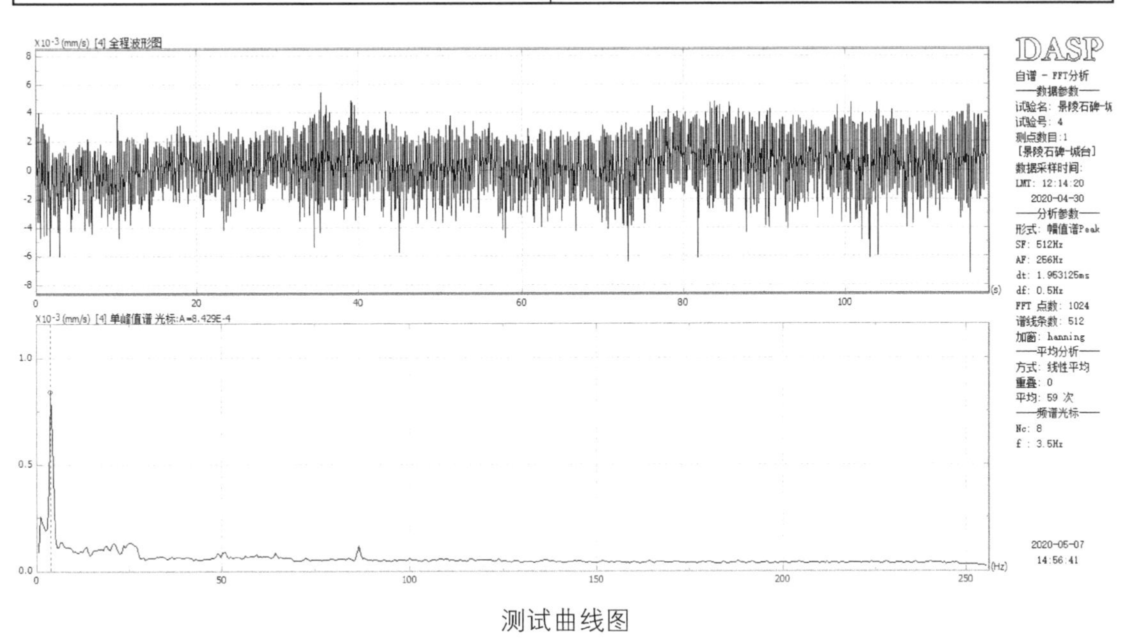

测试曲线图

自振频率是由质量和刚度共同决定的，其中，建筑平面体型、墙体布置、结构内部损伤等因素会影响结构的刚度。依据《古建筑防工业振动技术规范》GB/T50452—2008，古建筑砖石钟鼓楼、宫门的水平固有频率为$f=\frac{1}{2\pi H}\lambda_j\phi=\frac{1}{2\times3.14\times7.64}\times1.571\times230=7.531$ Hz，结构水平向的实测频率为 3.5 赫兹，实测值小于计算值。

根据《古建筑防工业振动技术规范》GB/T50452—2008，对于全国重点文物保护单位关于砖结构承重结构最高处水平容许振动速度最高不能超过 0.15 毫米 / 秒～0.20 毫米 / 秒，本结构水平振动速度为 0.007 毫米 / 秒，满足规范的限值要求。

3. 地基基础勘查

南侧宝城墙西段基础

南侧宝城墙西段基础（高台）

方城西侧南段基础

方城西侧南段基础 1（高台）

方城西侧南段基础 2（高台）

方城西南角基础（高台）

方城南侧西段基础

方城南侧东段基础

方城东侧南段基础

方城东侧南段基础

方城东侧南段基础 1（高台）

方城东侧南段基础 1（高台）细部

方城东侧南段基础 2（高台）

方城东侧南段基础 2（高台）细部

方城东侧南段基础 3（高台）

方城东侧南段基础 4（高台）

南侧宝城墙东段基础

南侧宝城墙东段基础（高台）

方城北侧东段基础

方城北侧西段基础

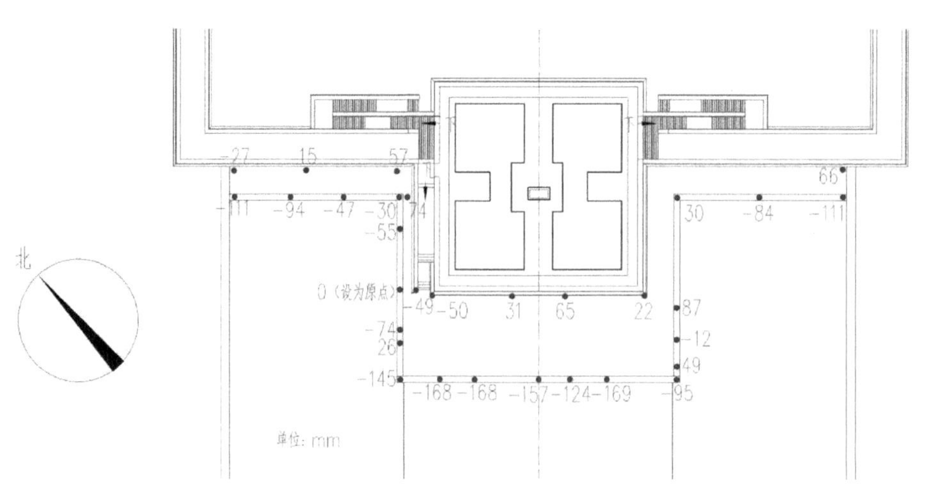

方城南侧地面抄平示意图

分析：

以西侧高台上一点的高度作为原点，对方城南侧地面进行抄平测量。

由测量数据可得知方城南侧高台各段皆呈“内高外低”的趋势，即靠近宝城墙墙体或方城墙体一侧要略高于高台外沿一侧，测量数值中最低点与最高点的高差达到了256毫米，其中高台西南角和东南角数值波动较大，主要由于这两处皆存在树木根系生长造成的生物病害造成局部阶条石起翘不平、松动变形等不同程度的结构变形。

方城墙下地面西侧两处数值明显小于东侧，经结构外观检查，西南角须弥座局部歪闪、存在裂缝，方城砌体结构出现竖向贯通裂缝，局部可能存在轻微沉降问题，此外，西侧靠近上人台阶，或因现场地面土层分布不均产生一定误差。

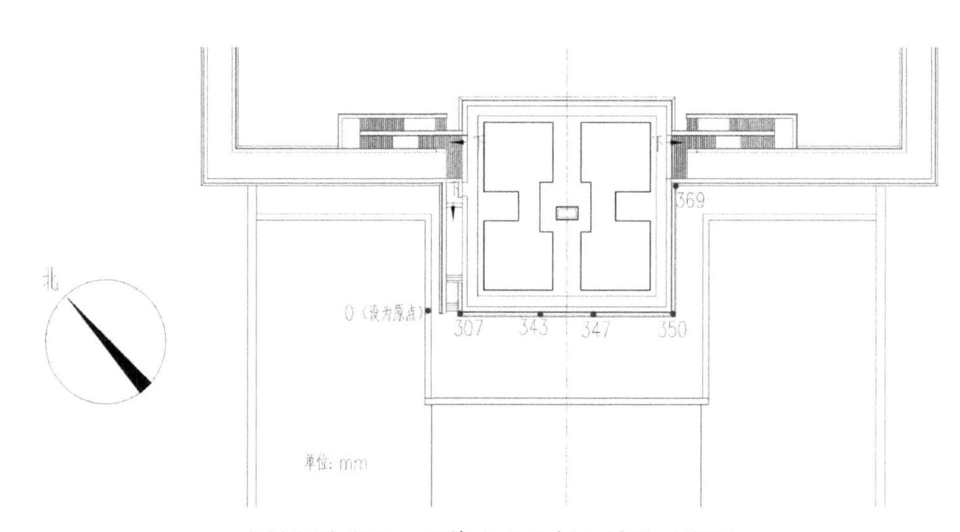

方城须弥座第一层檐上（南侧）抄平示意图

分析：以西侧高台上一点的高度作为原点，对方城须弥座第一层檐上（南侧）进行抄平测量。测量数据中最低点与最高点的高差为62毫米，方城南侧须弥座第一层檐整体呈“东高西低”的趋势。经结构外观检查，西南角须弥座局部歪闪、存在裂缝，方城砌体结构出现竖向贯通裂缝，局部可能存在轻微沉降问题。

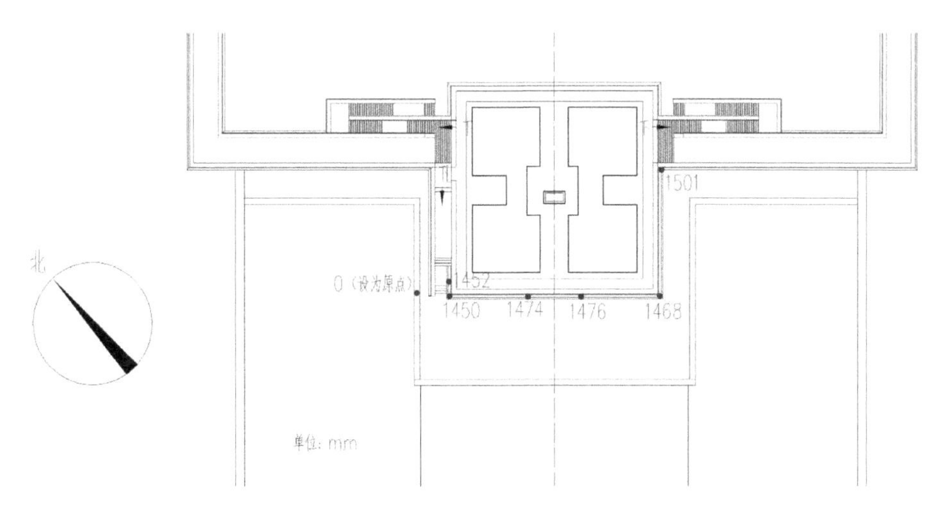

方城须弥座上皮（南侧）抄平示意图

分析：以西侧高台上一点的高度作为原点，对方城须弥座上皮（南侧）进行抄平测量。测量数据中最低点与最高点的高差为51毫米，数据显示方城南侧须弥座整体呈“东高西低”的趋势。经结构外观检查，西南角须弥座局部歪闪、存在裂缝，方城砌体结构出现竖向贯通裂缝，局部可能存在轻微沉降问题。

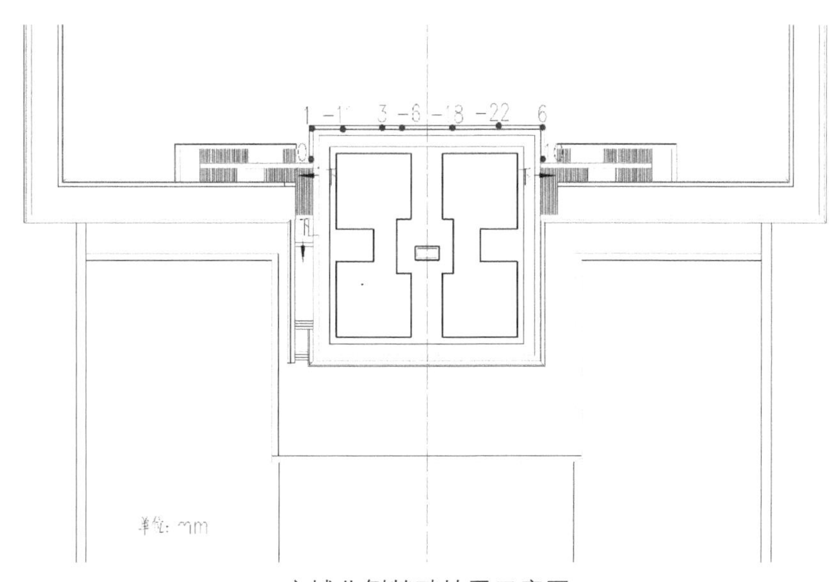

方城北侧基础抄平示意图

分析：以方城北侧一点的高度作为原点，对方城北侧进行抄平测量。测量数据中最低点与最高点的高差为 28 毫米，经结构外观检查，未见因地基不均匀沉降引起的结构裂缝和局部变形。

结论：

场地内未发现不良地质作用，由于方城的地基持力层位置和基础构造不明，地基基础的承载状况主要根据其不均匀沉降在上部结构反应进行评定。现场检查，方城没有产生明显的倾斜，但方城西南角出现竖向贯通裂缝，且须弥座局部歪闪、存在裂缝，西南角在竖向不同水平面进行抄平，数据表明存在一定高差，局部可能存在轻微沉降问题；券洞口处没有因地基不均匀沉降引起的结构裂缝局部变形。外观现象表明方城的地基基础承载现状良好，地基承载现状稳定。参照规范（GB50292—2015），方城的地基基础的安全性等级可评为 Au 级。

4. 地基基础雷达探查

采用地质雷达对结构地基基础进行探查。检测地基基础所用雷达天线频率为 300 兆赫，雷达测试路线示意图和测试结果见下图。

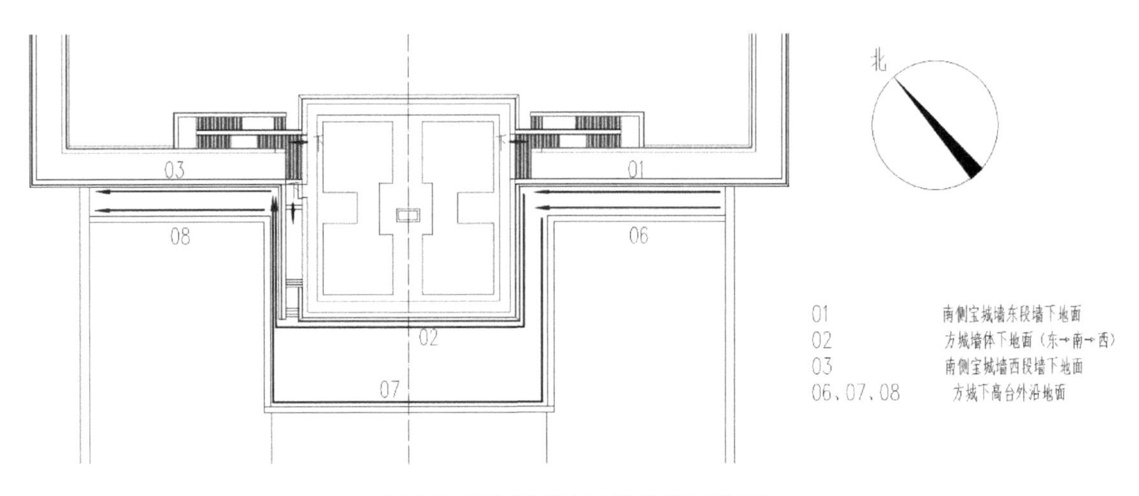

方城地基基础雷达扫描路线示意图

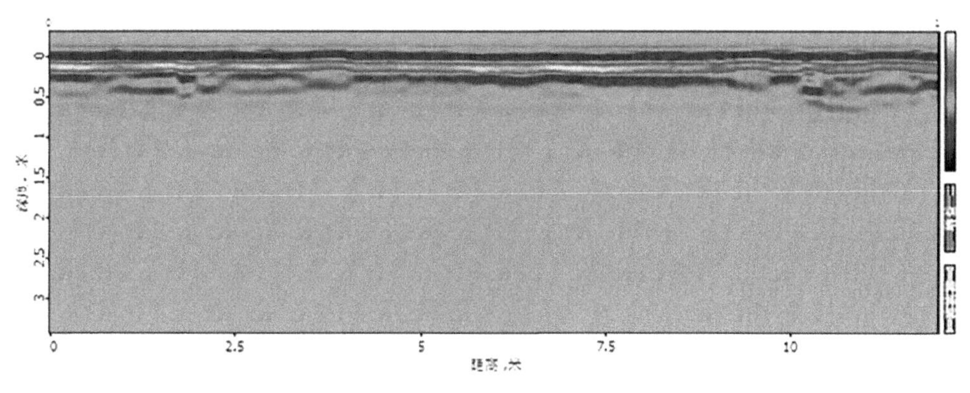

地基基础雷达扫描结果（一）

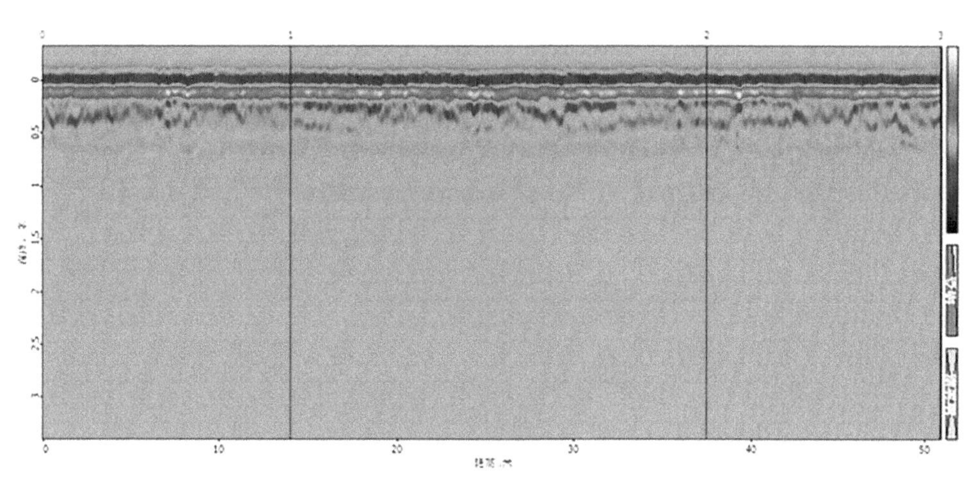

地基基础雷达扫描结果（二）

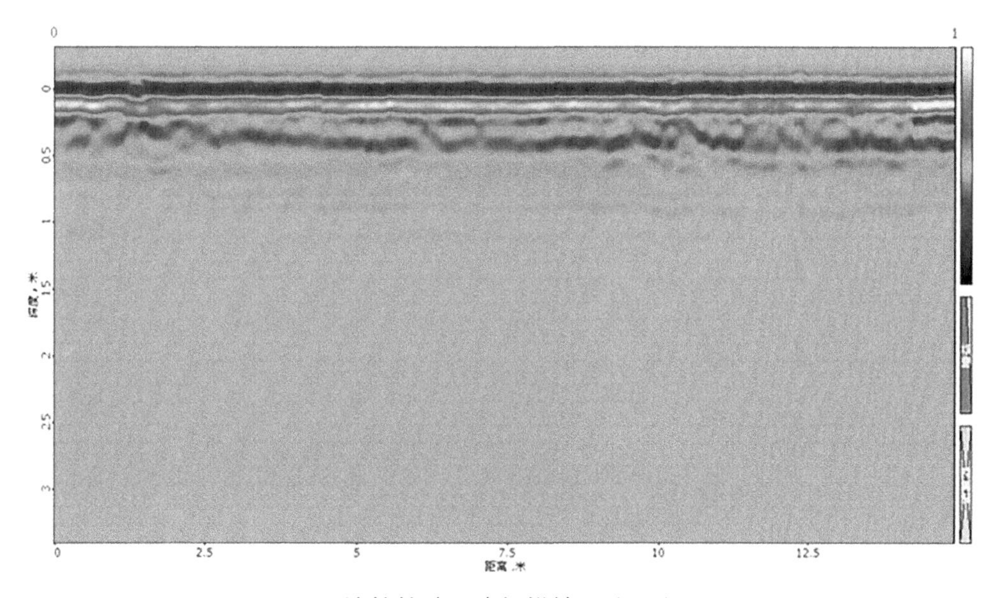

地基基础雷达扫描结果（三）

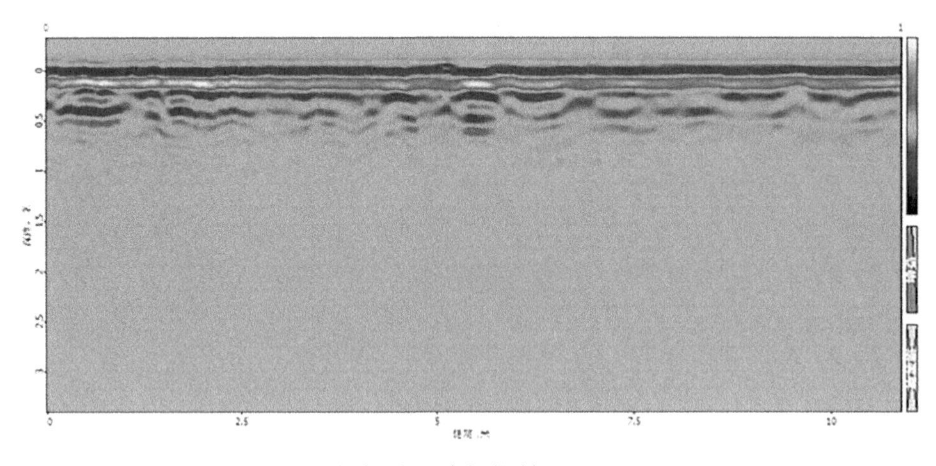

地基基础雷达扫描结果（四）

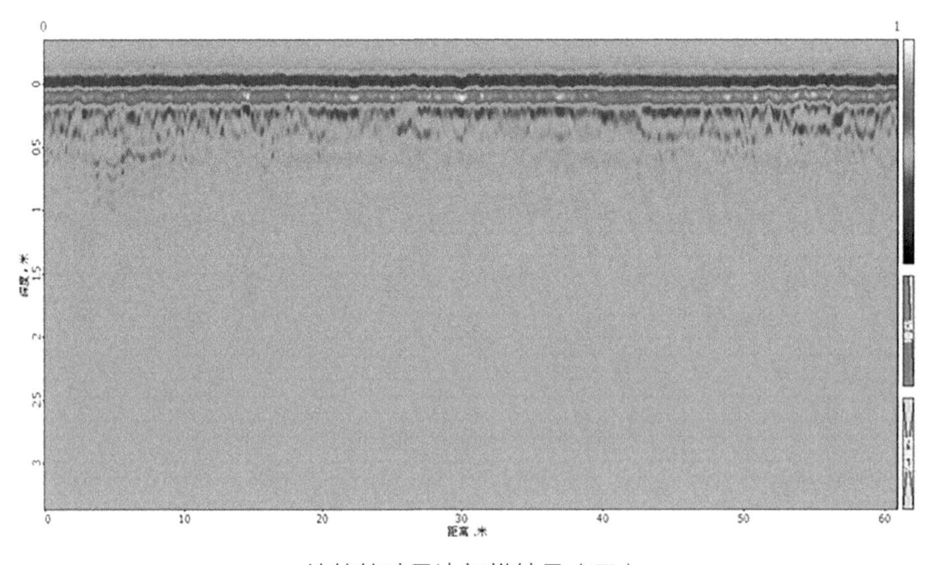

地基基础雷达扫描结果（五）

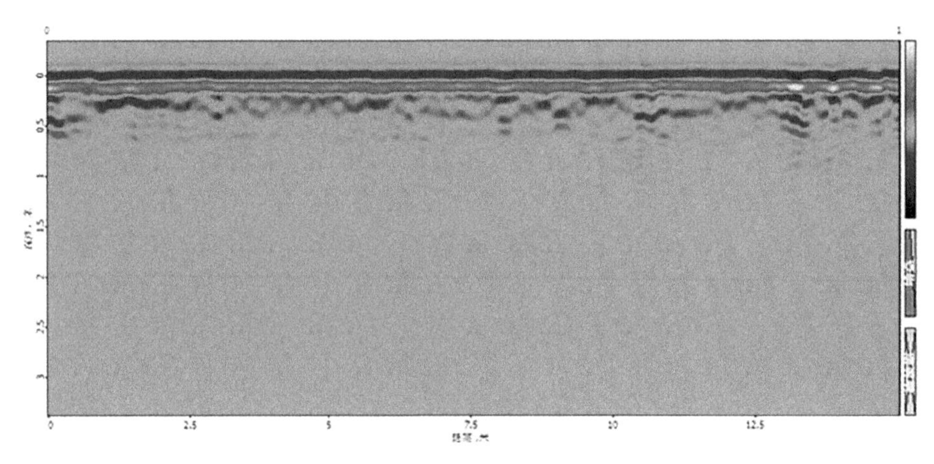

地基基础雷达扫描结果（六）

结论：

由上到图可见，雷达波在 1 米深度处出现明显分层，由探查结果可知，海墁表面约 0.3 米内为砌砖，下层为灰土，表明在 1 米处上下灰土的做法可能存在区别。在 1 米往下的区域，未发现明显异常。

由于雷达测试区域无法全面开挖与雷达图像进行比对，解释结果仅作为参考。

5. 砌体质量检查

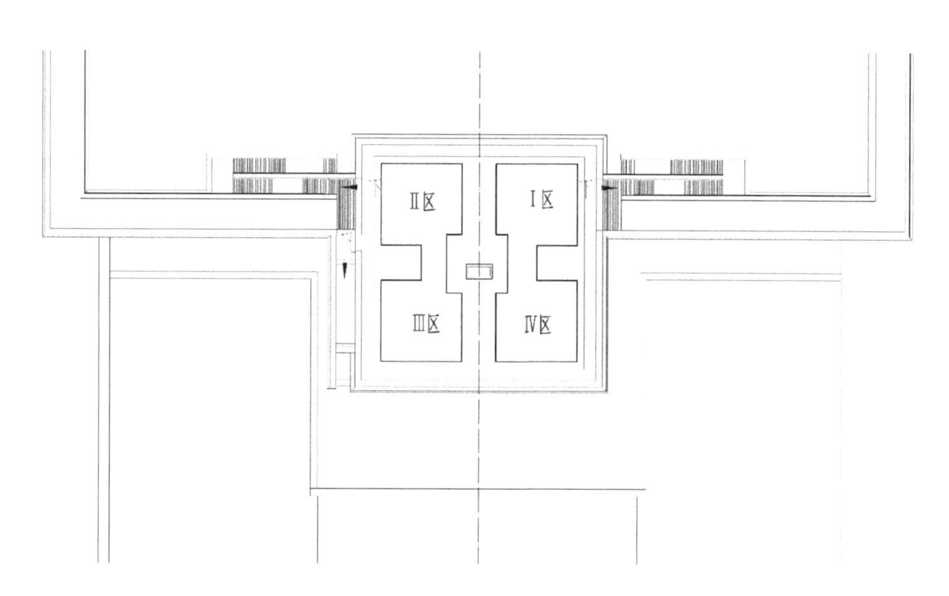

方城、明楼检测分区示意图

砖回弹强度测试

实验仪器：ZC4 回弹仪

安全性鉴定依据：

《回弹仪评定烧结砖普通砖强度等级的办法》（JC/T796—2013）

砖回弹值的计算：

（1）根据《回弹仪评定烧结砖普通砖强度等级的办法》（JC/T796—2013），单块砖的平均回弹值按式①计算：

$$\overline{N_j} = 1/10\sum_{i=1}^{10} N_i \qquad ①$$

式中：

$\overline{N_j}$——第 j 块砖的平均回弹值（j=1，2，......，10），精确到 0.1；

N_i——第 i 个测点的回弹值。

（2）10 块砖的平均回弹值按式②式计算：

$$\overline{N}=1/10\sum_{j=1}^{10}\overline{N_j} \quad ②$$

式中：

$\overline{N}$——10 块砖的平均回弹值，精确到 0.1；

$\overline{N_j}$——第 j 块砖的平均回弹值。

（3）10 块砖的回弹标准值按式③、④计算：

$$\overline{N_f}=\overline{N}-1.8S_f \quad ③$$

$$S_f=\sqrt{1/9\sum_{j=1}^{10}\left(\overline{N_j}-\overline{N}\right)^2} \quad ④$$

式中：

$\overline{N_f}$——10 块砖的回弹标准值，精确到 0.1；

S_f——10 块砖的平均回弹值的标准差，精确到 0.1。

（4）计算结果表示

1）$S_f \leq 3.00$ 时，计算结果以 10 块砖的平均回弹值和回弹标准值结果表示；

2）$S_f > 3.00$时，计算结果以10块砖的平均回弹值和单块最小平均回弹值结果表示。

（5）砖墙强度检验结果

方城 I 区砖的回弹值

试验编号	回弹值 N_i										$\overline{N_j}$
1	30	20	26	20	18	18	22	18	38	28	23.8
2	32	34	30	28	30	32	31	31	33	31	31.2
3	28	32	28	32	32	34	32	34	30	30	31.2
4	28	32	34	36	40	32	34	29	38	40	34.3
5	26	16	32	30	26	28	32	3■	■2	30	27.4
6	40	32	38	34	38	28	28	26	32	20	28.6
7	22	26	28	28	30	32	28	34	28	32	28.8
8	34	36	18	24	32	34	30	32	34	36	31

续表

试验编号	回弹值 N_i									$\overline{N_j}$
9	34	36	36	31	36	38	38	40	24	34	34.7
10	45	42	46	45	44	47	41	45	40	48	44.3
$\overline{N}$											31.5
备注	S_f=5.52＞3.00，计算结果以10块砖的平均回弹值和单块最小平均回弹值结果表示。即$\overline{N}$=31.5，$\overline{N_{j\min}}$=23.8，查表得强度等级处于MU10–MU15之间。										

方城Ⅱ区砖的回弹值

试验编品	回弹值 N_i										$\overline{N_j}$
1	30	28	42	32	30	36	38	36	34	32	33.8
2	32	32	29	32	26	29	28	28	28	28	29.2
3	28	32	26	34	36	32	38	32	36	34	32.8
4	30	30	30	30	29	28	30	34	32	29	30.2
5	38	36	32	34	33	36	38	42	38	38	36.5
6	36	34	42	36	38	28	38	36	34	30	35.2
7	28	32	29	28	26	30	26	20	22	32	27.3
8	34	34	34	38	26	26	34	26	24	22	29.8
9	18	26	26	22	28	34	26	32	32	26	27.0
10	30	30	38	30	36	32	28	28	24	20	29.6
$\overline{N}$											31.1
备注	S_f=3.26＞3.00，计算结果以10块砖的平均回弹值和单块最小平均回弹值结果表示。即$\overline{N}$=31.1，$\overline{N_{j\min}}$=27.0，查表得强度等级处于MU10–MU15之间。										

方城Ⅲ区砖的回弹值

试验编品	回弹值 N_i										$\overline{N_j}$
1	38	40	38	40	38	38	40	42	36	38	38.8
2	30	39	32	32	33	36	34	32	38	28	33.4
3	30	25	29	30	31	29	32	26	29	30	29.1
4	35	30	25	30	32	25	34	32	32	28	30.3
5	25	27	32	22	24	26	26	30	24	20	25.6
6	35	34	35	32	35	38	38	38	38	36	35.9

续表

试验编品	回弹值 N_i									$\overline{N_j}$
7	38	38	34	20	28	32	28	32	30	32	31.2
8	28	32	24	24	26	31	28	31	32	22	27.8
9	28	24	12	18	31	22	32	22	29	29	24.7
10	34	32	18	22	28	28	28	31	32	16	26.9
$\overline{N}$											30.4
备注	S_f=4.55 > 3.00，计算结果以 10 块砖的平均回弹值和单块最小平均回弹值结果表示。即 $\overline{N}$ =30.4，$\overline{N_{j\min}}$ =24.7，查表得强度等级处于 MU10-MU15 之间。										

方城 IV 区砖的回弹值

试验编	回弹值 Ni									$\overline{N_j}$
1	26	22	34	30	24	27	32	28	28	30	28.1
2	16	17	28	22	23	28	28	30	28	33	25.3
3	29	32	32	34	32	36	34	36	34	29	32.8
4	36	38	37	37	37	37	29	35	31	36	35.3
5	20	26	34	30	30	21	19	24	19	22	24.5
6	31	35	29	32	36	37	36	33	32	29	33
7	30	39	41	32	37	39	39	39	38	36	37
8	44	44	29	26	46	29	29	24	31	46	34.8
9	23	31	34	29	34	38	32	22	26	24	29.3
10	22	34	25	23	31	35	26	34	33	29	29.2
$\overline{N}$											30.9
备注	S_f=4.29 > 3.00，计算结果以 10 块砖的平均回弹值和单块最小平均回弹值结果表示。即 $\overline{N}$ =30.9，$\overline{N_{j\min}}$ =24.5，查表得强度等级处于 MU10-MU15 之间。										

采用回弹法检测砌体砖抗压强度，由上表可得方城 I 区、II 区、III 区以及 IV 区砖的回弹强度数据，依据回弹值计算公式可以得出以上四处砖的平均回弹值分别为 31.8、31.1、30.4、30.9，根据《回弹仪评定烧结砖普通砖强度等级的办法》（JC/T796—2013），方城四个区域砖的强度等级均处于 MU10-MU15 之间。由此可得出方城四个区域砖的强度较高，保存状况较为良好。

6. 墙体雷达探查

采用地质雷达对墙体进行探查。检测墙体所用雷达天线频率为 300MHz，测量部位位于墙体中下部，雷达测试路线和测试结果见下图。

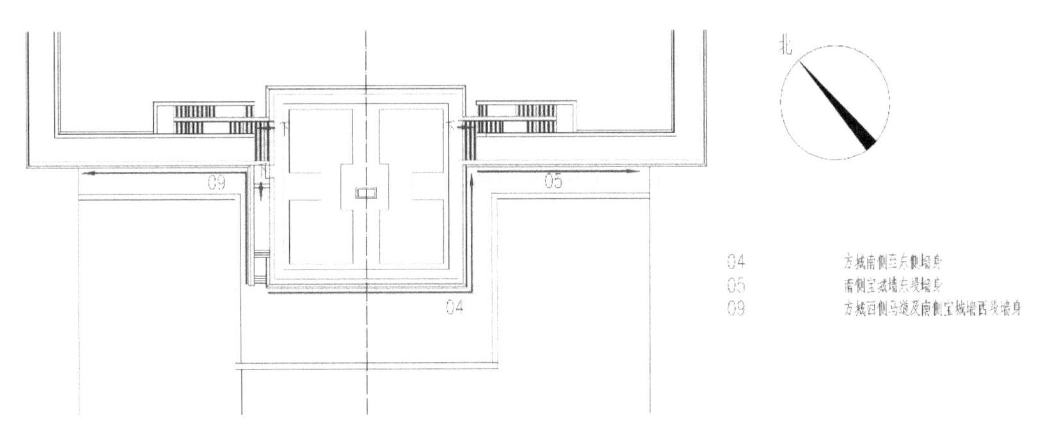

方城墙体雷达扫描路线示意图

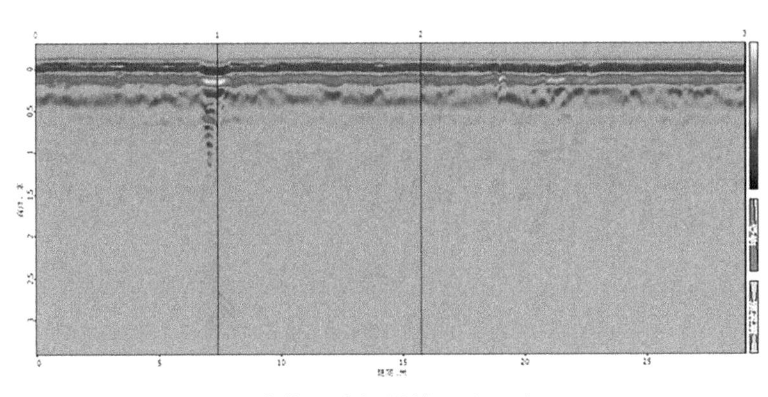

墙体雷达扫描结果（04）

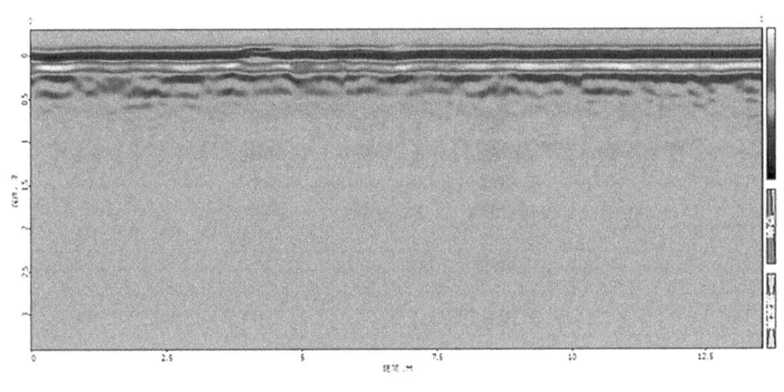

墙体雷达扫描结果（05）

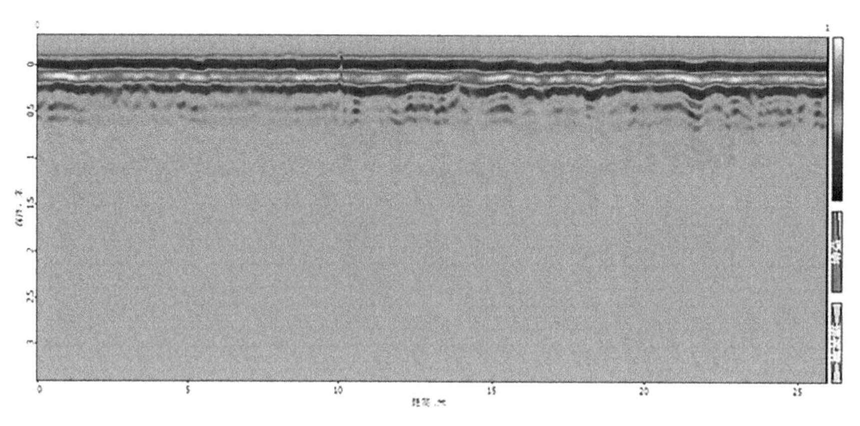

墙体雷达扫描结果（09）

结论：

由上图可见，雷达波 0.6 米厚度处出现明显分层，这与结构内部探查结果基本相符：墙体外侧 0.6 米左右厚度处为砖墙，内侧为土。雷达测试结果未发现明显异常。雷达波形稍显杂乱，可能是墙体内部介质不够均匀，内部填土比较松散所致。

由于雷达测试区域无法全面开挖与雷达图像进行比对，解释结果仅作为参考。

7. 结构外观质量检查

7.1 结构外观质量检查

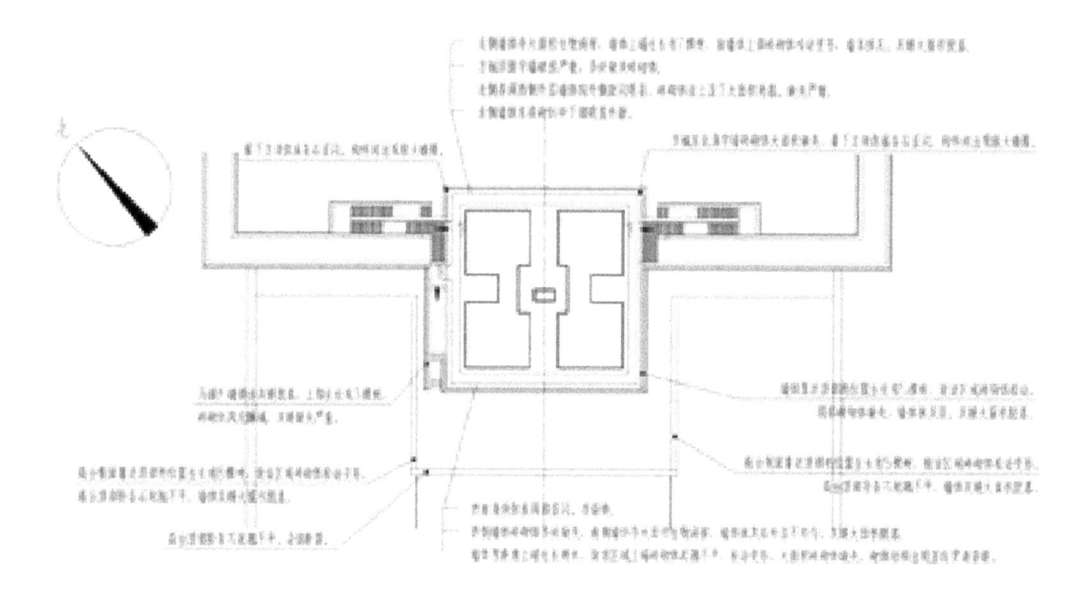

方城西侧南段墙体（一）

方城西侧南段墙体（二）

方城西南角上部墙体

方城南侧西段

方城南侧西段下部墙体

方城南侧西段须弥座

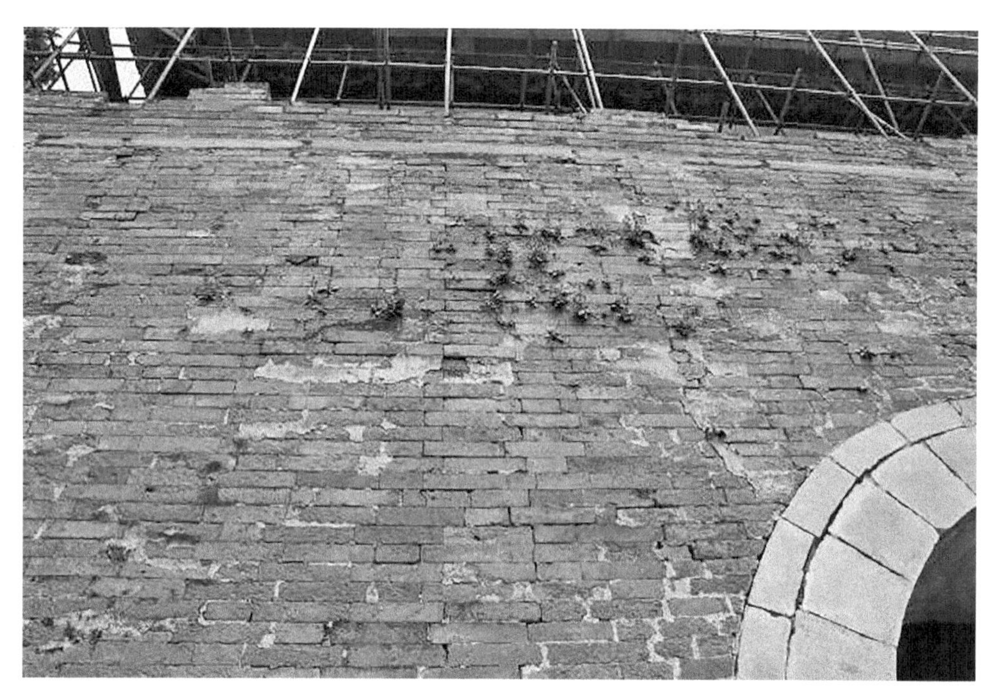

方城南侧西段上部墙体

方城西南角上端

方城南侧券洞上部墙体

方城南侧券洞

方城南侧券洞内部

方城南侧券洞内部西侧墙体

方城南侧券洞拱券上部

方城南侧券洞拱券上部（西）

方城南侧券洞拱券上部（东）

方城南侧券洞拱券下部（东）及东侧墙体

方城南侧拱券顶部

方城南侧东段

方城南侧东段上部墙体

方城南侧西段须弥座

方城东南角上部墙体

方城南侧东段下部墙体

方城南侧东段须弥座 1

方城南侧东段须弥座 2

方城东侧南段墙体

方城东南角上部墙体

方城东侧南段上部墙体

方城东侧南段墙体（一）

方城东侧南段墙体（二）

方城东侧南段墙体（三）

南侧宝城墙东段墙体

南侧宝城墙东段墙体（一）

南侧宝城墙东段墙体（二）

南侧宝城墙东段墙体（三）

南侧宝城墙东段墙体局部（一）

南侧宝城墙东段墙体局部（二）

方城西北角墙体结构（一）

方城西北角墙体结构（二）

方城北侧西段（从西至东）

方城北侧西段墙体鼓闪

方城北侧西段（一）

方城北侧西段（二）

方城北侧西段墙体结构损坏现状（一）

方城北侧西段墙体结构损坏现状（二）

方城北侧券洞

方城北侧券洞内部顶部

方城北侧券洞内部东墙上部

方城北侧券洞内部西墙上部

方城北侧券洞东墙下部

方城北侧券洞西墙下部

方城北侧东段（一）

方城北侧东段（二）

方城北侧东段墙体上部病害（一）

方城北侧东段墙体上部病害（二）

方城东北角墙体（一）

方城东北角墙体（二）

7.2 围护结构外观质量检查

方城西侧宇墙砖砌体缺失

方城西南角宇墙砖砌体缺失

方城南侧宇墙砖砌体缺失（一）

方城南侧宇墙砖砌体缺失（二）

方城南侧宇墙砖砌体缺失（三）

方城南侧宇墙砖砌体缺失（四）

方城东南角宇墙砖砌体缺失

方城东侧宇墙砖砌体缺失（一）

方城东侧宇墙砖砌体缺失（二）

方城东侧宇墙砖砌体缺失（三）

方城东北角宇墙大面积缺失

方城北侧宇墙砖砌体缺失（一）

方城北侧宇墙砖砌体缺失（二）

方城西北角宇墙砖砌体缺失

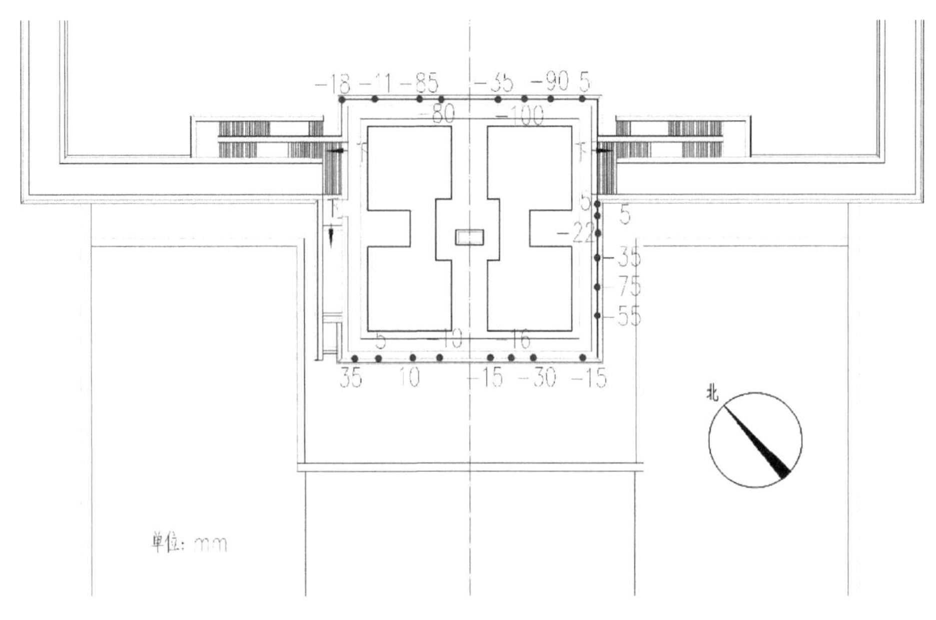

方城墙体倾斜量示意图

分析：

现场使用铅坠在方城上方以宇墙外沿为基准向外水平延伸600毫米处，竖直向下下垂6米，测量被测点处铅坠到墙体的实际距离，对方城墙体的倾斜情况进行检测，并以300毫米作为数据处理时的参照量。在上图中最终标注的数值中，“负值”代表相对于给定的参照量，方城墙体在该处的上部结构存在相对内倾或中下部外鼓的问题。

数据表明，方城北侧、东侧墙体上端存在相对外倾及中下部外鼓的问题，其中方城北侧墙体问题最为严重，经现场检查，北侧墙体东段中部存在明显的鼓闪问题，北侧墙体西段外层砖砌体明显外鼓，并出现大面积坍落现象，严重影响建筑的结构安全。

8. 检测鉴定结论与处理建议

8.1 检测鉴定结论

子单元安全性鉴定评级：地基基础安全性等级评为Au级、上部承重结构安全性等级评为Du级、围护系统安全性等级评为Du级。

综上，参照规范（GB50292—2015），方城的整体结构安全性等级评为Dsu级。方城存在严重的结构安全问题，其四面墙体均出现不同程度的生物病害或局部砖砌体缺失的现象，其上端墙体及宇墙的西南角、东北角两处因树木根系生长造成的生物病害造成局部不同程度的结构变形，并呈向下延伸的趋势，北侧局部墙体严重外鼓、砖砌体坍落，已经影响了结构的安全和正常使经用，有必要尽快采取加固或其他相应措施。

8.2 处理建议

（1）建议对方城下方高台存在问题的阶条石进行平整、添配，并解决生物病害问题；

（2）建议对出现缺损和风化问题的须弥座进行修补、补配；

（3）建议对全部墙体进行加固处理，灰浆勾缝修补砌体灰缝，宜采用压力注浆填充严重开裂的砌缝，加固应在有支护的条件下进行；对于部分外倾程度较大的、竖向裂缝严重的、已严重坍落的墙体，应采取拆除重砌的方式进行处理，且需在新砌缝中埋水平拉结筋；方城墙体竖向过水痕迹明显，建议整修方城上部排水口；

（4）建议对残损较严重的部分宇墙进行补砌；

（5）建议对券洞内部墙体的砖构件缺损处进行零星添配，用来封堵券洞的墙体进行局部修整或拆除重砌。

在墙体采取加固或其他相应措施之前，为保障墙体的使用安全，建议对墙体进行变形监测及振动监测，变形监测应包括墙体水平位移监测、倾斜监测、裂缝监测以及墙体地基沉降监测等内容，测点宜按相关规范要求进行布置，采用全站仪等设备进行定期观测，尤其是连阴雨和暴雨季节，如果发现异常，应及时向相关单位进行报告。

第九章　景陵明楼结构安全检测鉴定

1. 建筑概况

1.1 建筑概况

明楼为重檐歇山式建筑，建于方形城台之上，楼壁四面开辟有对称的券门，现东西券门用砖封砌。

1.2 建筑测绘图

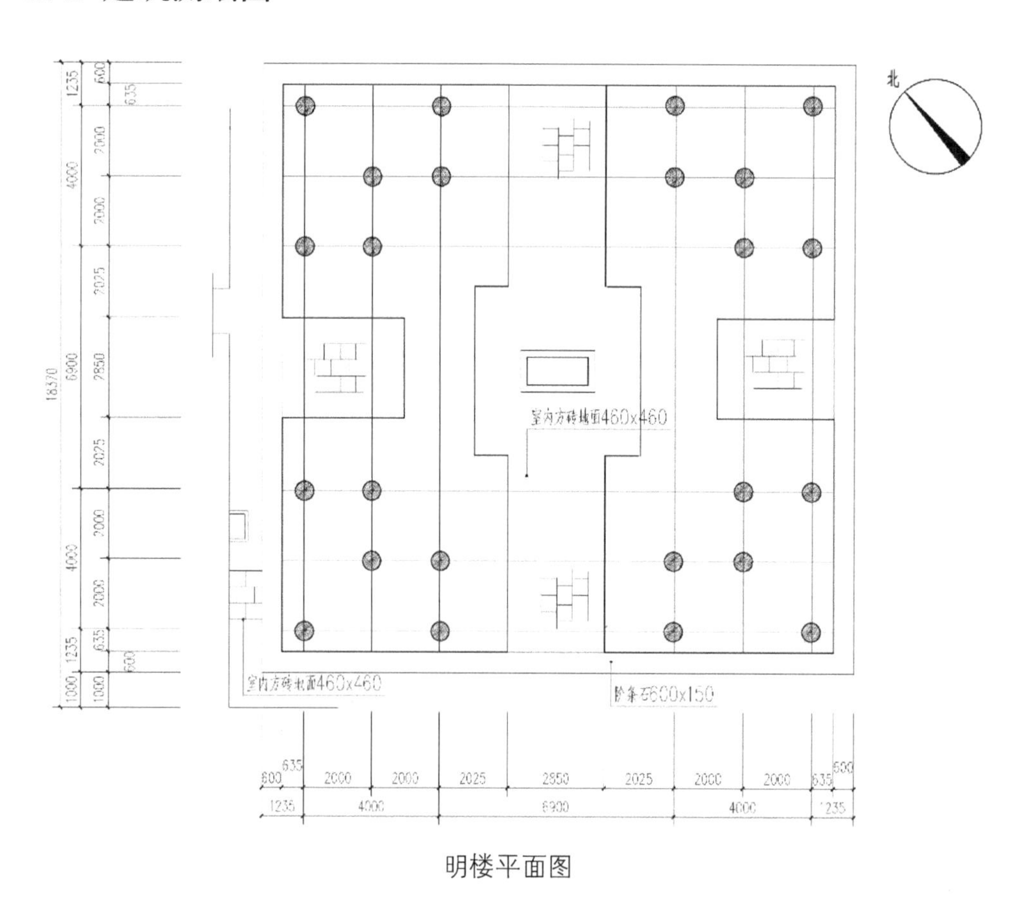

明楼平面图

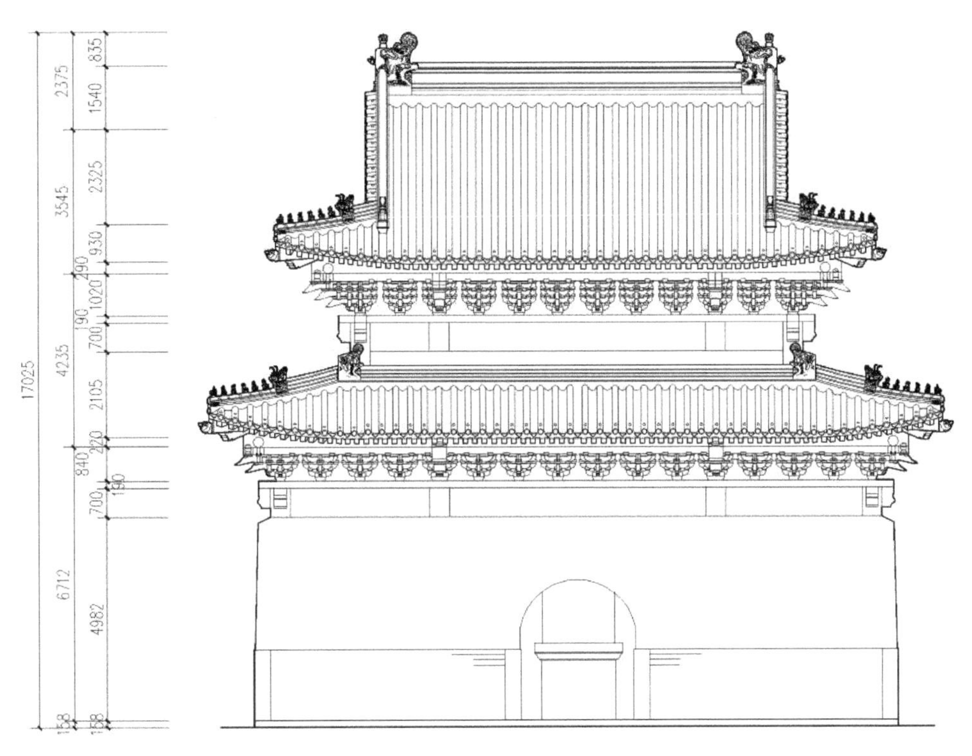

明楼南立面图

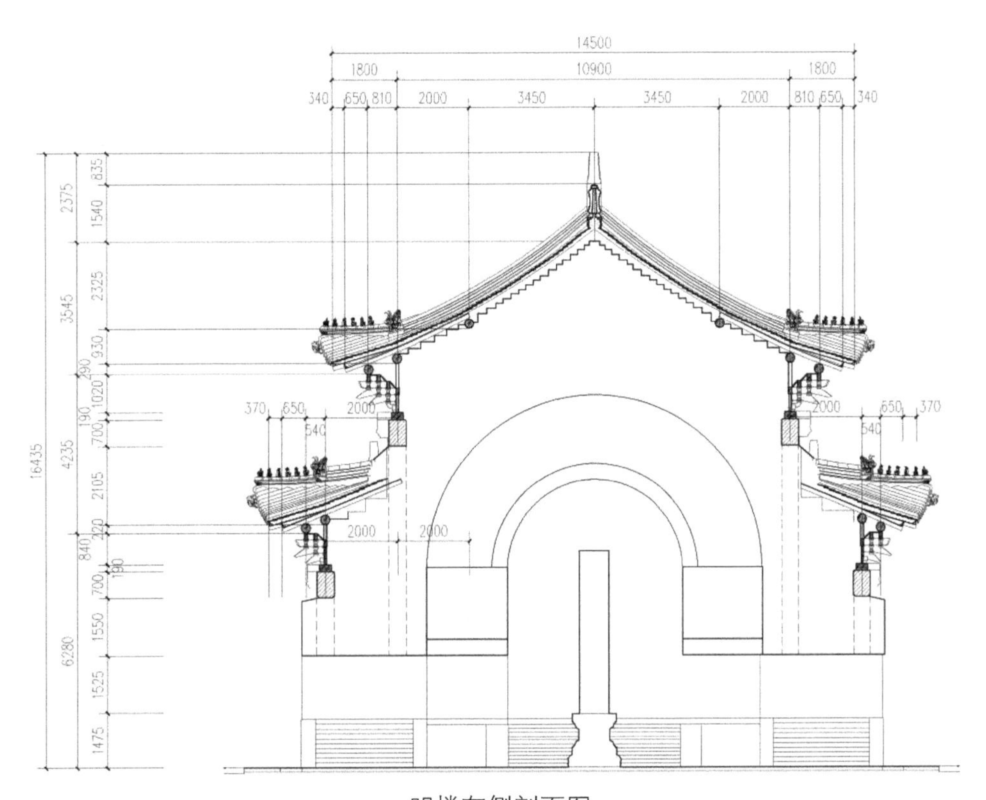

明楼东侧剖面图

2. 结构振动测试

现场使用INV9580A型超低频测振仪、Dasp-V11数据采集分析软件对结构进行振动测试，测振仪放置在明楼梁架上，主要测试结果如下表所示；同时测得结构水平最大响应为0.009毫米/秒。

结构振动测试结果

方向	峰值频率（赫兹）
水平向	3.5

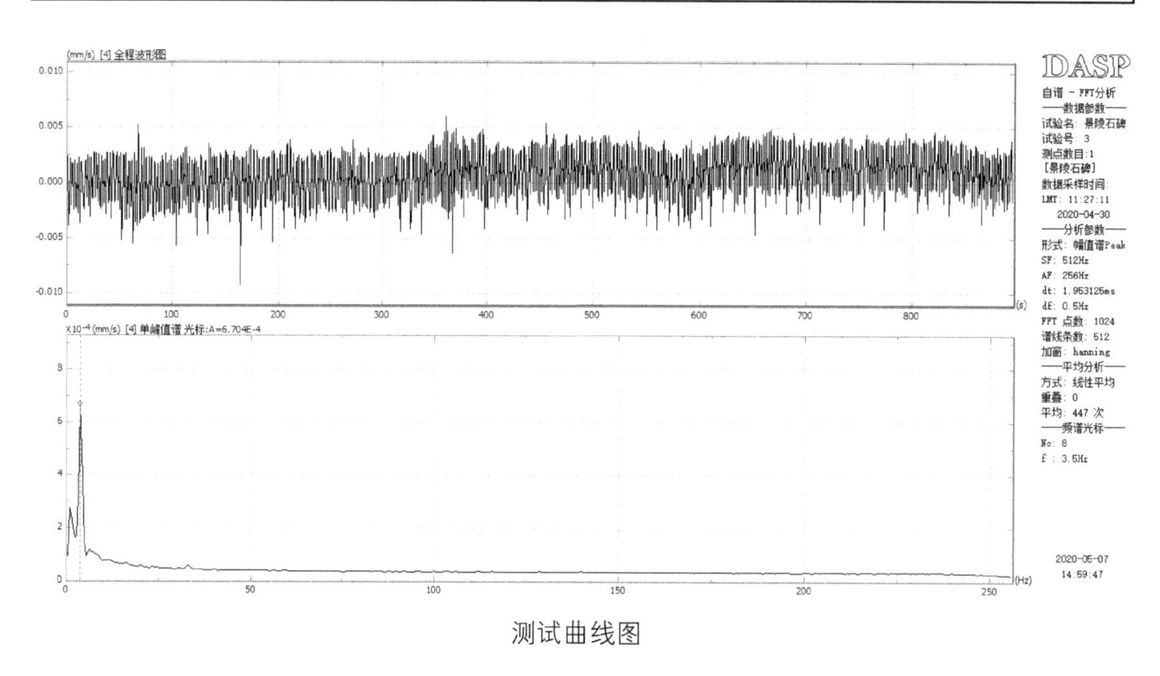

测试曲线图

自振频率是由质量和刚度共同决定的，其中，建筑平面体型、墙体布置、结构内部损伤等因素会影响结构的刚度。依据《古建筑防工业振动技术规范》GB/T50452—2008，古建筑砖石钟鼓楼、宫门的水平固有频率为$f=\frac{1}{2\pi H}\lambda_{j}\phi=\frac{1}{2\times 3.14\times 16.19}\times 1.571\times 230=3.554$ Hz，结构水平向的实测频率为3.5赫兹，实测值与计算值相近。

根据《古建筑防工业振动技术规范》GB/T50452—2008，对于全国重点文物保护单位关于砖结构承重结构最高处水平容许振动速度最高不能超过0.15毫米/秒～0.20毫米/秒，本结构水平振动速度为0.009毫米/秒，满足规范的限值要求。

3. 地基基础勘查

明楼西侧阶条石北段

明楼西侧阶条石北段局部开裂

明楼西侧阶条石南段、地砖缺失

明楼西侧阶条石

明楼南侧阶条石西段

明楼南侧阶条石东段

明楼东侧阶条石南段

明楼东侧阶条石北段

明楼北侧阶条石东段

明楼北侧阶条石西段

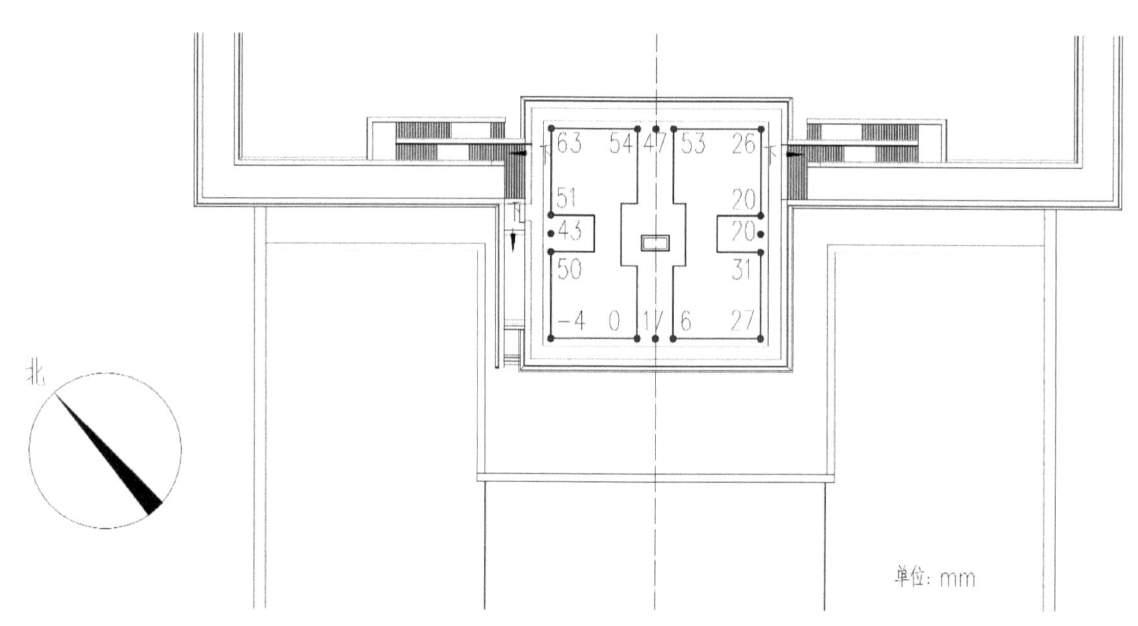

明楼阶条石上（靠明楼一侧）抄平示意图

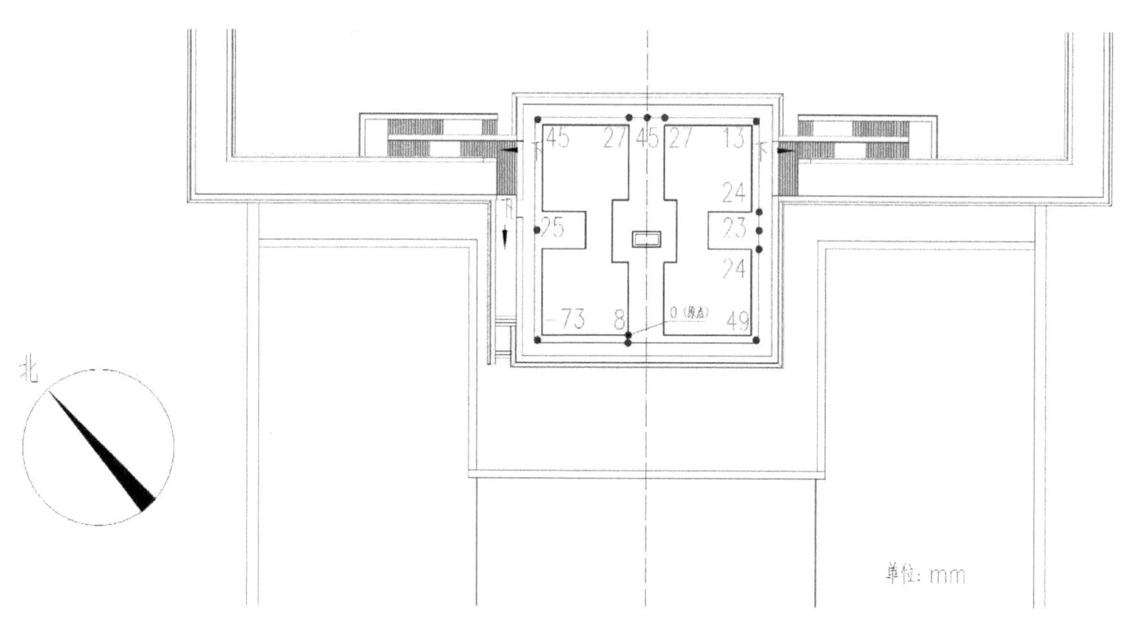

明楼阶条石上（外侧）抄平示意图

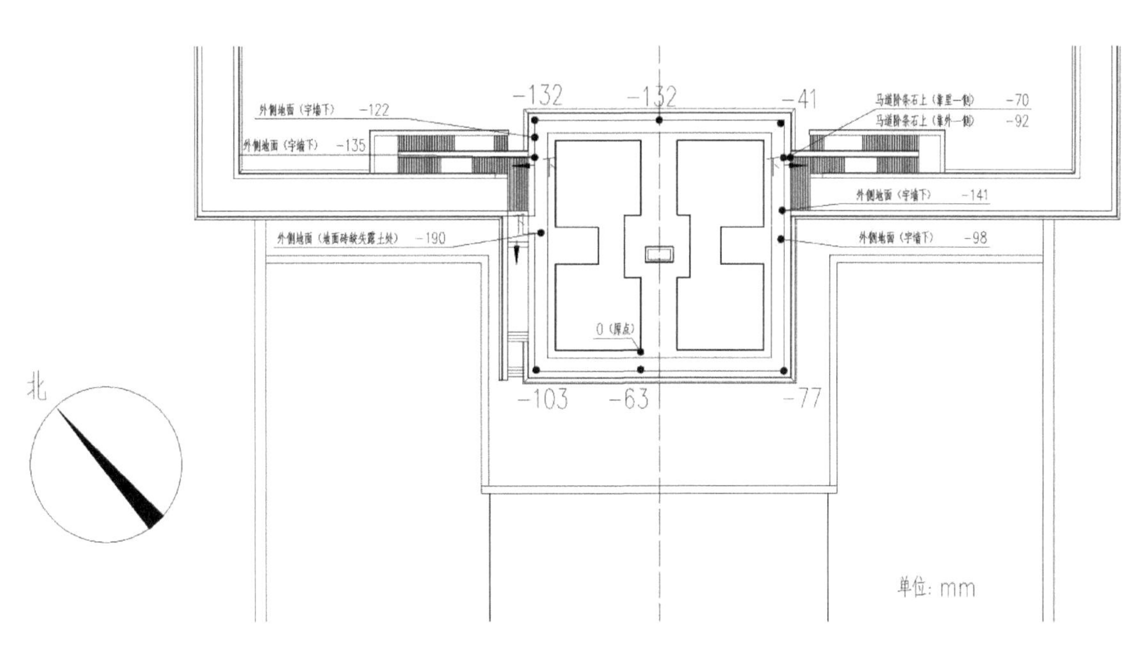

明楼外侧地面（宇墙下）抄平示意图

4. 地基基础雷达探查

采用地质雷达对结构地基基础进行探查。检测地基基础所用雷达天线频率为 300 兆赫，雷达测试路线示意图和测试结果见下图。

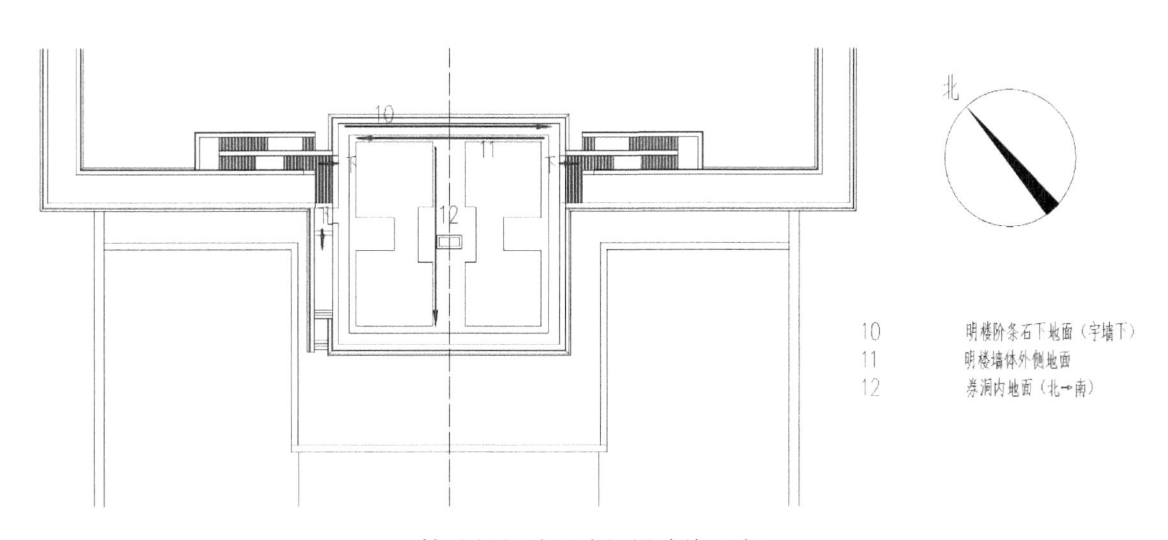

明楼地基基础雷达扫描路线示意图

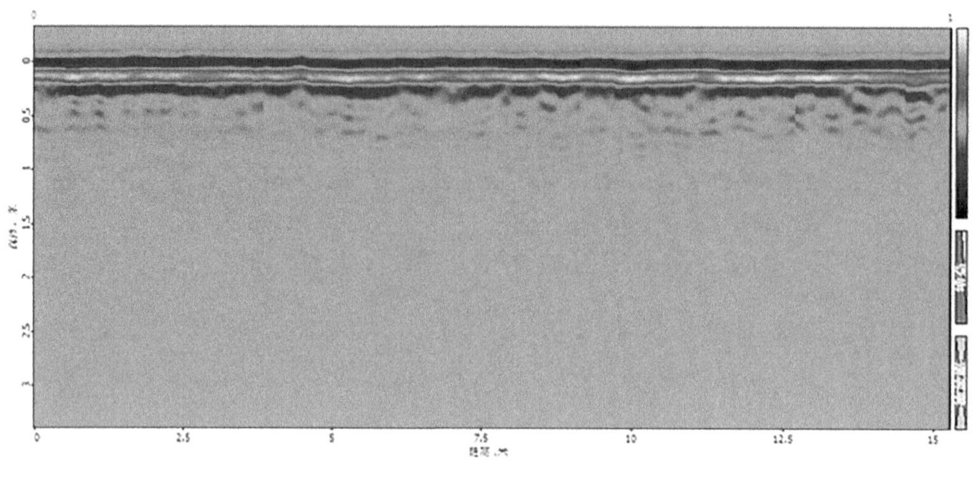

地基基础雷达扫描结果（一）

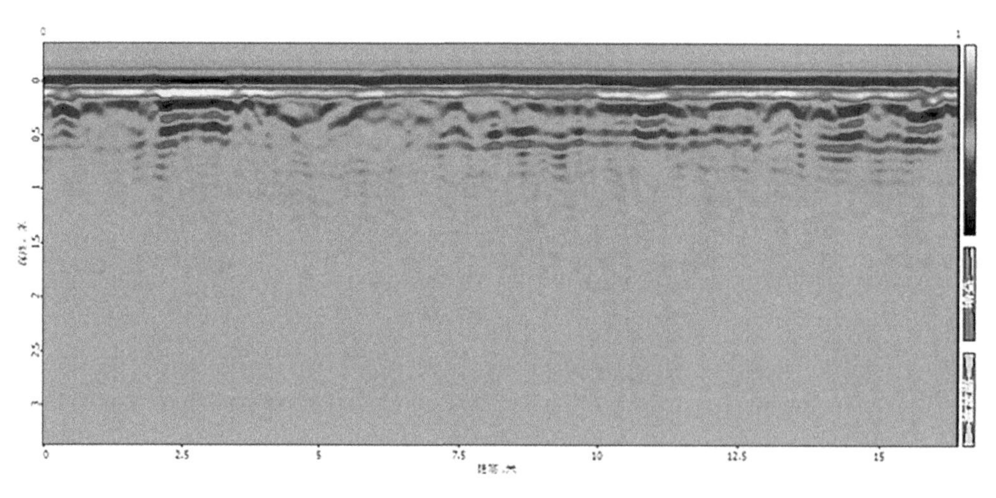

地基基础雷达扫描结果（二）

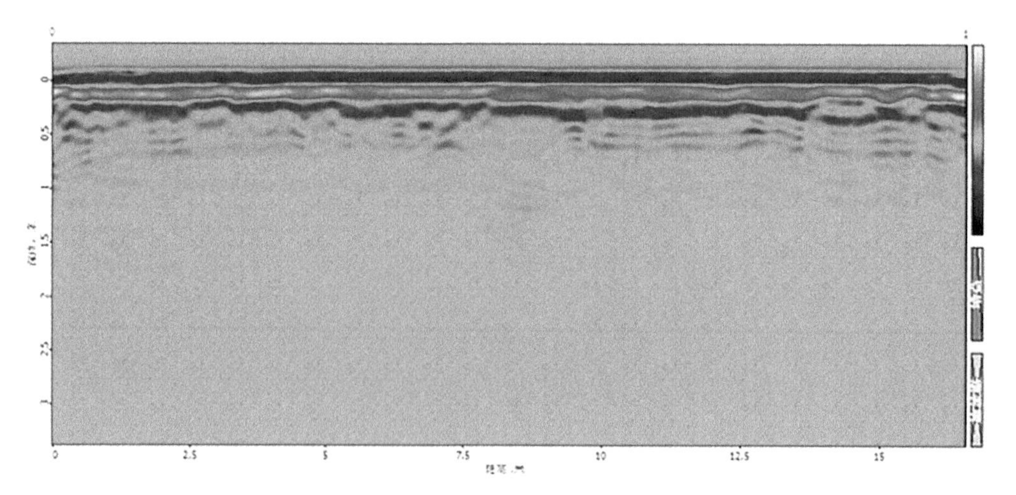

地基基础雷达扫描结果（三）

结论：

由上图可见，雷达反射波基本平直连续，没有明显空洞等缺陷。

由于地面无法开挖与雷达图像进行比对，解释结果仅作为参考。

5. 砌体质量检查

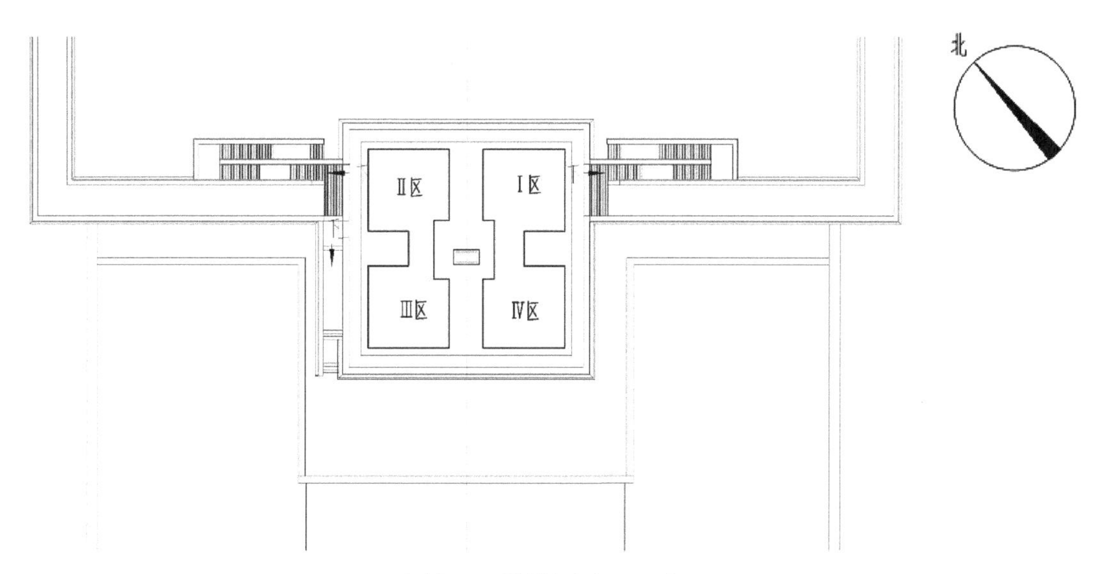

方城、明楼检测分区示意图

砖回弹强度测试

实验仪器：ZC4 回弹仪

安全性鉴定依据：

《回弹仪评定烧结砖普通砖强度等级的办法》（JC/T796—2013）

砖回弹值的计算：

（1）根据《回弹仪评定烧结砖普通砖强度等级的办法》（JC/T796—2013），单块砖的平均回弹值按式①计算：

$$\overline{N_j}=1/10\sum_{i=1}^{10}N_i \qquad ①$$

式中：

$\overline{N_j}$——第 j 块砖的平均回弹值（j=1，2，......，10），精确到 0.1；

N_i——第 i 个测点的回弹值。

（2）10 块砖的平均回弹值按式②式计算：

$$\overline{N}=1/10\sum_{j=1}^{10}\overline{N_j} \quad ②$$

式中：

$\overline{N}$——10 块砖的平均回弹值，精确到 0.1；

$\overline{N_j}$——第 j 块砖的平均回弹值。

（3）10 块砖的回弹标准值按式③、④计算：

$$\overline{N_f}=\overline{N}-1.8S_f \quad ③$$

$$S_f=\sqrt{1/9\sum_{j=1}^{10}\left(\overline{N_j}-\overline{N}\right)^2} \quad ④$$

式中：

$\overline{N_f}$——10 块砖的回弹标准值，精确到 0.1；

S_f——10 块砖的平均回弹值的标准差，精确到 0.1。

（4）计算结果表示

1）$S_f \leqslant 3.00$ 时，计算结果以 10 块砖的平均回弹值和回弹标准值结果表示；

2）$S_f > 3.00$ 时，计算结果以 10 块砖的平均回弹值和单块最小平均回弹值结果表示。

（5）砖墙强度检验结果

明楼 I 区砖的回弹值

试验编品	回弹值 N_i										$\overline{N_j}$
1	24	26	28	26	20	26	28	24	22	29	25.3
2	24	26	28	22	28	26	32	28	28	28	27
3	24	20	22	24	29	26	24	26	22	24	24.1
4	24	30	19	22	20	24	30	26	32	34	26.1
5	32	34	34	34	32	30	32	34	34	34	33
6	24	22	26	28	20	20	16	24	22	24	22.6
7	24	32	30	32	30	30	32	30	34	30	30.4
8	36	36	34	32	32	32	32	34	34	32	33.4
9	24	24	24	22	26	24	24	22	25	21	23.6
10	30	30	26	26	26	24	24	28	26	26	26.6
$\overline{N}$											27.2
备注	S_f=3.82 > 3.00，计算结果以 10 块砖的平均回弹值和单块最小平均回弹值结果表示。即 $\overline{N}$ =27.2，$\overline{N_{j\min}}$ =22.6，查表得强度等级处于 MU5-MU10 之间。										

明楼 II 区砖的回弹值

试验编号	回弹值 N_i										$\overline{N_j}$
1	26	26	25	29	33	29	31	30	33	31	29.3
2	20	28	22	28	26	22	28	26	24	26	25
3	26	24	24	24	24	26	24	26	28	28	25.4
4	22	24	24	22	22	22	24	22	24	18	22.4
5	24	24	22	22	21	22	24	25	20	18	22.2
6	30	32	32	34	32	31	31	33	26	32	31.3
7	30	24	28	32	28	30	28	27	30	26	28.3
8	30	30	30	30	30	44	28	26	26	28	30.2
9	28	30	30	26	28	30	32	26	28	24	28.2
10	28	30	28	30	28	32	36	28	30	28	29.8
$\overline{N}$											27.2
备注	S_f=3.25 > 3.00，计算结果以 10 块砖的平均回弹值和单块最小平均回弹值结果表示。即 $\overline{N}$ =27.2，$\overline{N_{j\min}}$ =22.2，查表得强度等级处于 MU5–MU10 之间。										

明楼 III 区砖的回弹值

试验编号	回弹值 N_i										$\overline{N_j}$
1	28	28	29	30	32	31	31	34	32	30	30.5
2	29	29	30	30	29	30	28	32	30	26	29.3
3	20	26	22	26	24	22	24	26	23	18	23.1
4	17	19	19	15	18	17	18	16	22	18	17.9
5	27	32	30	32	28	33	32	31	31	32	30.8
6	26	24	27	28	28	23	27	30	24	20	25.7
7	26	24	36	34	35	30	34	31	32	32	31.4
8	21	16	24	16	21	11	21	21	22	20	19.3
9	26	32	28	24	26	18	18	16	19	16	22.3
10	40	38	40	38	40	42	44	38	38	38	39.6
$\overline{N}$											27.0
备注	S_f=6.59 > 3.00，计算结果以 10 块砖的平均回弹值和单块最小平均回弹值结果表示。即 $\overline{N}$ =27.0，$\overline{N_{j\min}}$ =17.9，查表得强度等级处于 MU5–MU10 之间。										

明楼 IV 区砖的回弹值

试验编	回弹值 N_i									$\overline{N_j}$
1	28	24	30	26	22	16	24	28	24	22	24.4
2	28	26	26	26	26	26	26	29	20	20	25.3
3	30	28	32	26	30	26	30	30	30	28	29
4	28	28	34	32	30	26	32	26	26	28	29
5	26	30	28	28	26	24	26	27	24	27	26.6
6	34	28	28	32	34	28	28	32	32	27	30.3
7	30	28	30	28	18	26	24	28	22	20	25.4
8	32	30	34	32	30	30	34	32	30	26	31
9	30	32	30	30	22	30	30	30	30	26	29
10	32	32	33	33	34	32	35	30	36	34	33.1
$\overline{N}$											28.3
备注	S_f=2.81 < 3.00，计算结果以 10 块砖的平均回弹值和回弹标准值结果表示。即$\overline{N}$ =28.3，$\overline{N_{j\min}}$ =23.2，查表得强度等级处于 MU10。									

采用回弹法检测砌体砖抗压强度，由上表可得明楼 I 区、II 区、III 区以及 IV 区砖的回弹强度数据，依据回弹值计算公式可以得出以上四处砖的平均回弹值分别为 27.2、27.2、27.0、28.3，根据《回弹仪评定烧结砖普通砖强度等级的办法》（JC/T796—2013），明楼 IV 区砖的强度等级大致处于 MU10，明楼 I 区、II 区、III 区砖的强度等级处于 MU5–MU10 之间。由此可得出明楼 IV 区砖面尚保持一定强度，明楼 I 区、II 区、III 区砖风化比较严重。

6. 结构外观质量检查

6.1 结构外观质量检查

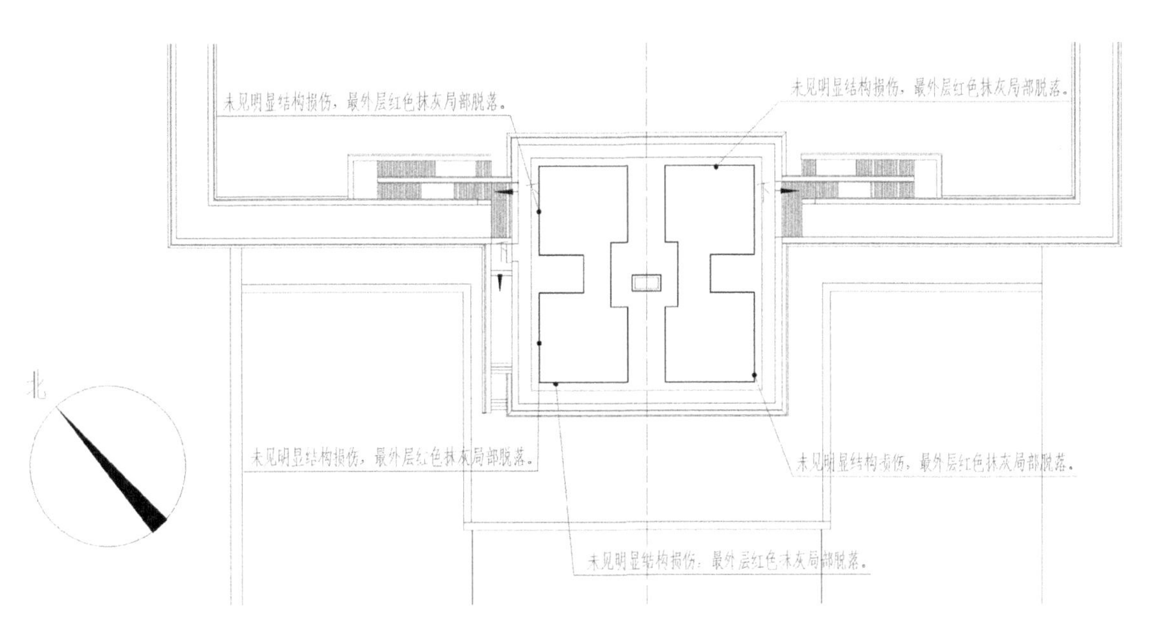

明楼现状图

明楼西墙北段及其局部病害（一）

明楼西墙北段及其局部病害（二）

明楼西墙北段及其局部病害（三）

明楼西墙券洞

明楼西墙券洞局部病害（一）

明楼西墙券洞局部病害（二）

明楼西墙券洞地面

明楼西墙南段上部

明楼西墙南段上部局部病害（一）

明楼西墙南段上部局部病害（二）

明楼西墙南段下部

明楼南墙西段及其局部病害（一）

明楼南墙西段及其局部病害（二）

明楼南墙西段及其局部病害（三）

明楼南墙券洞及其局部病害（一）

明楼南墙券洞及其局部病害（二）

明楼南墙券洞顶部及两侧墙体（一）

明楼南墙券洞顶部及两侧墙体（二）

明楼南墙券洞顶部及两侧墙体（三）

明楼东墙南段及其局部病害（一）

明楼东墙南段及其局部病害（二）

明楼东墙南段及其局部病害（三）

明楼东墙南段及其局部病害（四）

明楼东墙南段及其局部病害（五）

明楼东墙南段及其局部病害（六）

明楼东墙南段及其局部病害（六）

明楼东南角墙体病害

明楼东墙券洞内部

明楼东墙券洞局部病害（一）

明楼东墙券洞局部病害（二）

明楼东墙券洞局部病害（三）

明楼东墙券洞北墙

明楼东墙券洞南墙

明楼东墙北段

明楼东墙北段墙体上部病害

明楼东墙北段墙体下部病害

明楼北墙东段（一）

明楼北墙东段（二）

明楼北墙东段墙体上部病害

明楼北墙东段墙体下部病害

明楼北墙券洞

明楼北墙券洞东侧墙体上身

明楼北墙券洞西侧墙体上身

明楼北墙券洞东侧墙体下碱

明楼北墙券洞西侧墙体下碱

明楼券洞内部（由北向南）东侧墙体上身

明楼券洞内部（由北向南）西侧墙体上身

明楼券洞内部（由北向南）东侧墙体下碱

明楼券洞内部（由北向南）西侧墙体下碱

明楼券洞内部（由南向北）西侧墙体上身

明楼券洞内部（由南向北）东侧墙体上身

明楼券洞内部（由南向北）西侧墙体下碱

明楼券洞内部（由南向北）东侧墙体

明楼券洞顶部（由北向南）

明楼券洞中部（由北向南）东侧墙体

明楼券洞中部（由北向南）西侧墙体

明楼南侧券洞内部（由北向南）东侧墙体

明楼南侧券洞内部（由北向南）西侧墙体

明楼北墙西段（一）

明楼北墙西段（二）

明楼北墙西段局部病害

明楼西北角墙体局部病害

6.2 围护结构外观质量检查

明楼北侧二层檐下

明楼北侧二层檐下的枋存在开裂现象

明楼北侧一层檐局部现状（一）

明楼北侧一层檐局部现状（二）

明楼屋脊现状

明楼北侧屋面琉璃瓦脱釉严重

明楼东侧屋面现状

钉帽缺失、泥灰背缺失

面漆风化严重、琉璃构件脱釉

博风板断裂

明楼东侧一层檐现状

局部构件缺失

明楼北侧一层檐现状

构件缺失雨水渗漏导致望板糟朽

7. 检测鉴定结论与处理建议

7.1 检测鉴定结论

根据检查结果，子单元安全性鉴定评级：地基基础安全性等级评为 Au 级、上部承重结构安全性等级评为 Au 级、围护系统安全性等级评为 Bu 级。

综上，参照规范（GB50292—2015），明楼的整体结构安全性等级评为 Bsu 级，明楼未见严重的结构安全问题。

7.2 处理建议

（1）建议修整、补砌明楼西侧缺损的地面砖，对存在问题的阶条石进行平整、添配；

（2）建议进行灰浆勾缝修补砌体灰缝；

（3）由于明楼屋面局部瓦面缺失、琉璃构件脱釉严重，导致局部木构出现过水痕迹，为防止雨水继续对上部结构产生不利影响，建议对屋面瓦件进行修补或替换，对已开裂现象的构件进行替换或局部加固。

第十章　康陵桥结构安全检测鉴定

1. 工程概况

1.1 建筑简况

十三陵康陵桥位于北京市昌平区。1961 年 3 月 4 日明十三陵被国务院列为“全国第一批重点文物保护单位”。康陵桥位于通往康陵唯一主干路上，作为市政主干道桥梁使用。市政道路铺设时，桥面覆盖铺设 0.8 米至 1.8 米厚路基石。同时各种车辆，尤其大型、重型车辆长期通过。致使桥洞券砖下沉目测约 18 厘米。近年来，十三陵康陵桥石构件多处发生歪闪，桥体多处发生鼓闪、开裂。

1.2 现状立面照片

康陵桥全景

1.3 建筑测绘图

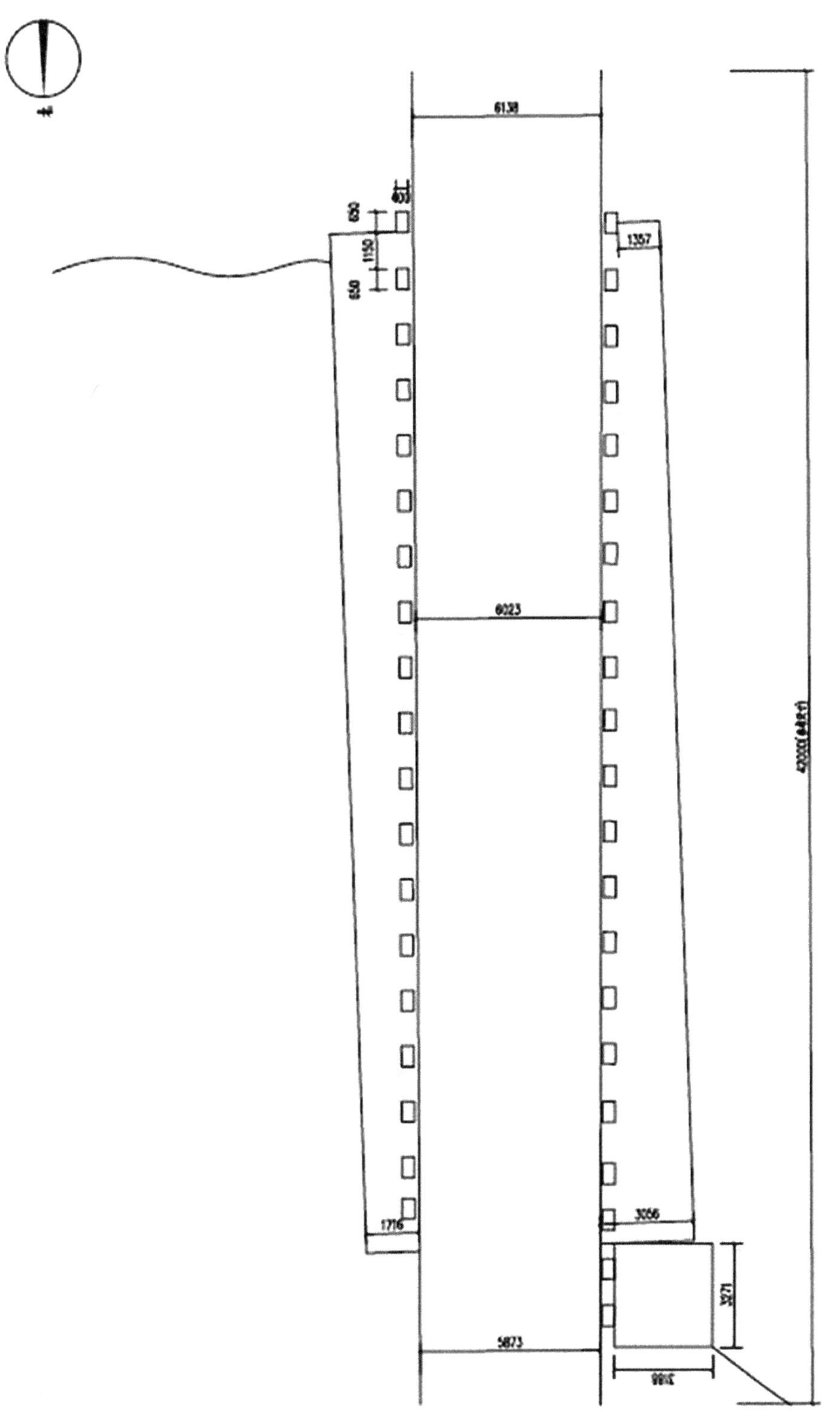
6138
603
650
1150
650
1357
6023
1716
3056
3271
5873
3186
康陵桥平面测绘图

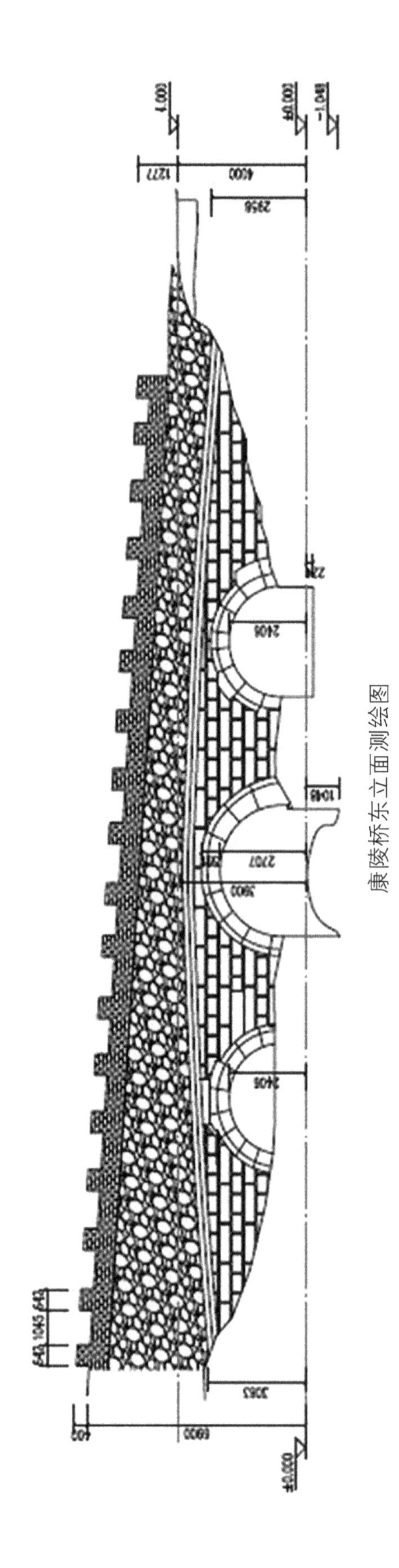

康陵桥东立面测绘图

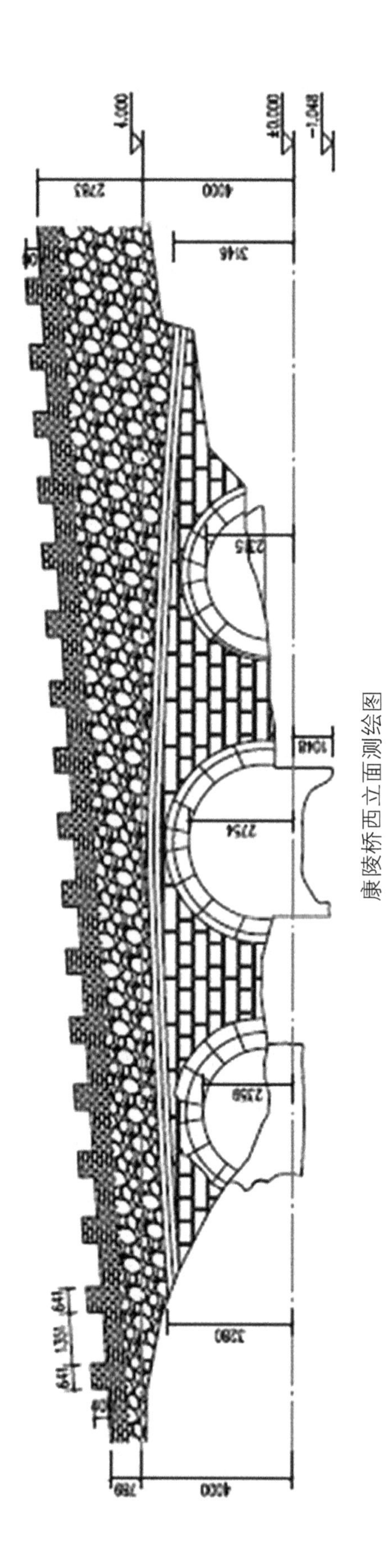

康陵桥西立面测绘图

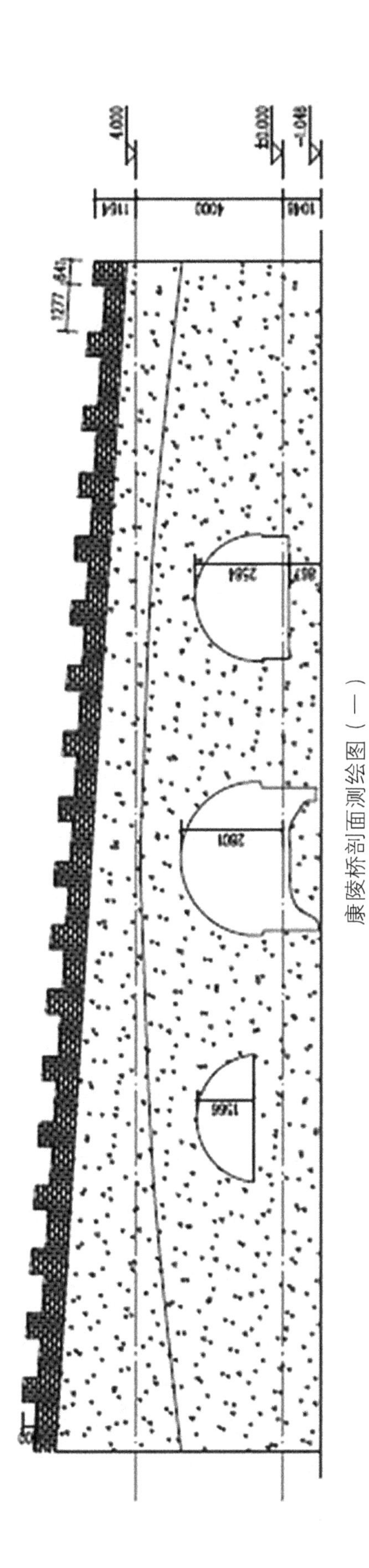

康陵桥剖面测绘图（一）

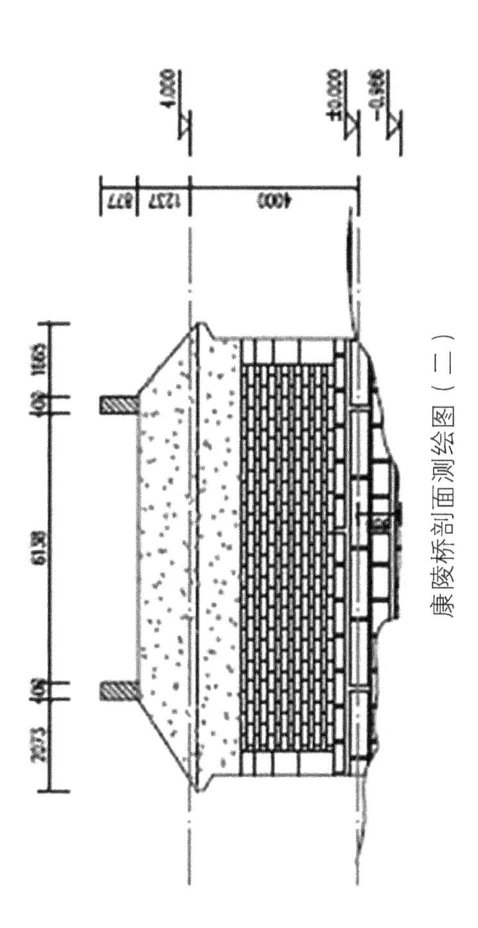

康陵桥剖面测绘图（二）

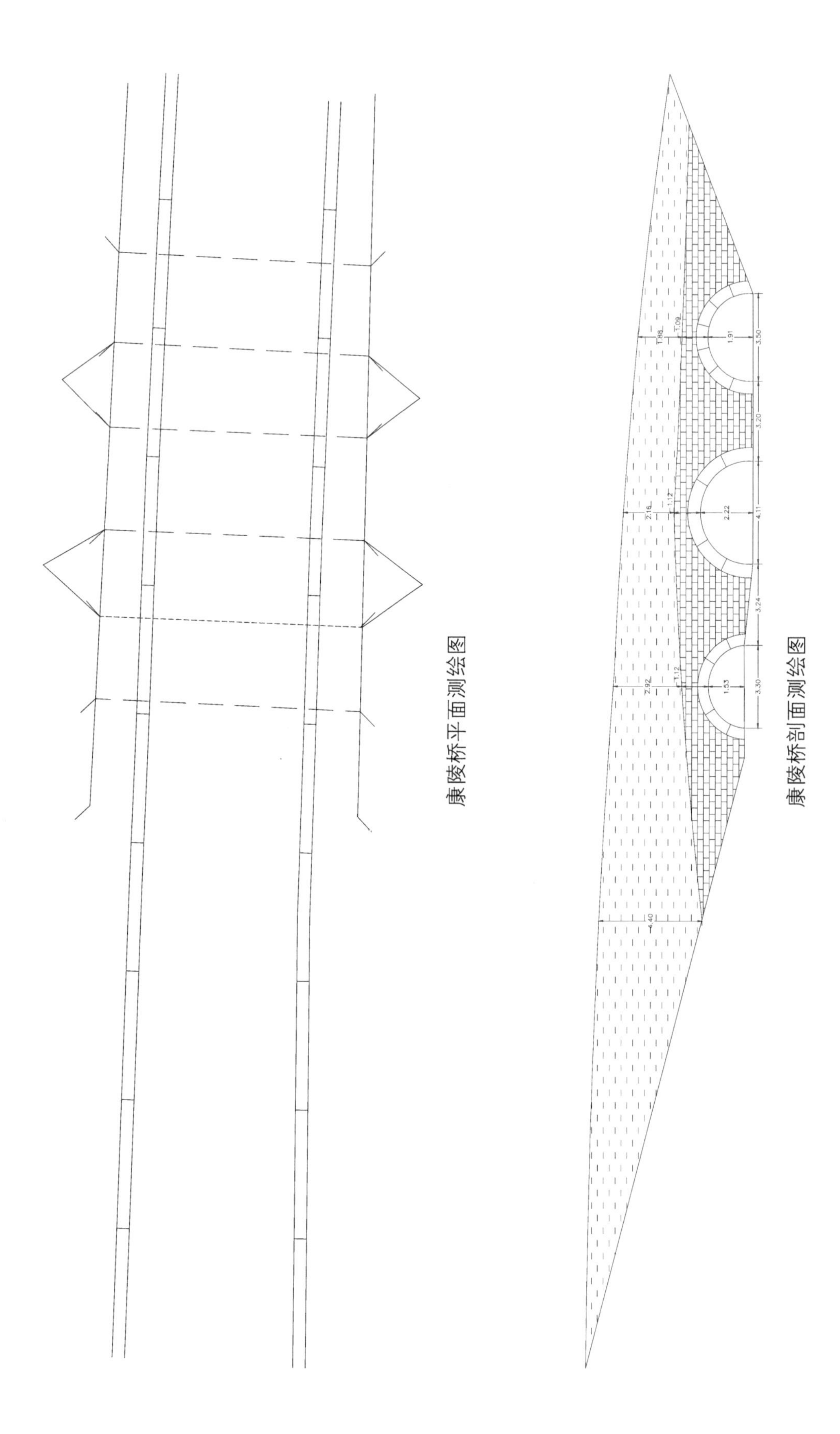

康陵桥平面测绘图

康陵桥剖面测绘图

2. 病害检查评定

2.1 桥面铺装及公用系检查评定

桥面覆盖铺设 0.8 米至 1.8 米厚路基石，桥面正常通行，桥面平整，栏杆完好。

桥面铺装及公用系具体病害如下：

康陵桥桥面（一）

康陵桥桥面（二）

2.2 上部主要承重构件检查评定

上部结构为 3 跨连续石拱桥梁，中间为大孔，跨径约 4.11 米，两旁的二孔跨径各约 3.5 和 3.3 米。拱券内部拱石脱落严重，多处分布纵桥向裂缝，拱券拱石外倾，拱脚损伤。

桥梁上部主要承重构件病害如下：

康陵桥桥洞（一）

康陵桥桥洞（二）

康陵桥桥洞（三）

康陵桥桥底（一）

康陵桥桥底（二）

康陵桥桥底（三）

康陵桥桥底（四）

康陵桥内券砖缺损、断裂

以下是拱圈不同区的病害情况：

康陵桥 1 号孔内券北部砖脱落及内券裂缝

康陵桥 1 号孔内券西部砖脱落及内券桥向裂缝

康陵桥 1 号孔内券东部砖脱落

康陵桥 1 号孔内券东部砖脱落及龙门券灰缝脱落

康陵桥 1 号孔内券南部砖脱落

康陵桥 2 号孔内券南部砖脱落及内券裂缝

康陵桥 2 号孔内券南部砖脱落及内券裂缝

康陵桥 2 号孔内券北部砖脱落及内券裂缝

康陵桥 2 号孔内券西部砖脱落

康陵桥 2 号孔内券西部砖脱落及内券裂缝

康陵桥 3 号孔内券南部砖脱落及破损

康陵桥 3 号孔内券西部砖脱落及破损

康陵桥 3 号孔内券西部砖脱落

康陵桥 3 号孔内券东部砖脱落及破损

植物从桥墩内部长出，对桥墩体系将造成极大的危害

植物从桥墩内部长出，对桥墩体系将造成极大的危害

内券砖脱落

部分植物从分水金刚墙缝隙中长出来，桥面上方被踮起高度 1 米左右

2.3 全桥技术状况评定

根据《公路桥梁技术状况评定标准》(JTG/T H21—2011)中评定方法，桥梁技术状况评定包括桥梁构件、部件、桥面铺装及公用系、上部结构、下部结构和全桥评定。公路桥梁技术状况的评定采用分层综合评定与五类单向指标相结合的方法，先对桥梁各构件进行评定，然后对桥梁各部件进行评定，再对桥面铺装及公用系、上部结构和下部结构分别进行评定，然后进行桥梁总体技术状况的评定。

在对桥面铺装及公用系、上部结构、下部结构技术状况进行评定时，各部件的权重值根据桥梁类型按规范规定值取值，对于缺失构件的权重用将缺失部件权重值按照既有部件权重在全部既有部件权重中所占比例进行重新分配。

康陵桥桥的技术状况评定结果结果如下：

康陵桥技术状况评定

<table>
<tr><td rowspan="2">部位</td><td rowspan="2">类别 i</td><td rowspan="2">评价部件</td><td>部件</td><td>部件</td><td>部位</td><td>部位</td></tr>
<tr><td>权重</td><td>评定值</td><td>权重</td><td>评定值</td></tr>
<tr><td rowspan="3">上部结构</td><td>1</td><td>上部承重构件</td><td>0.7</td><td>45</td><td rowspan="3">0.4</td><td rowspan="3">48</td></tr>
<tr><td>2</td><td>上部一般构件</td><td>0.3</td><td>55</td></tr>
<tr><td>3</td><td>支座</td><td>0</td><td>0</td></tr>
<tr><td rowspan="7">下部结构</td><td>4</td><td>翼墙、耳墙</td><td>0.02</td><td>40</td><td rowspan="7">0.4</td><td rowspan="7">37.5</td></tr>
<tr><td>5</td><td>锥坡、护坡</td><td>0.18</td><td>40</td></tr>
<tr><td>6</td><td>桥墩</td><td>0</td><td>0</td></tr>
<tr><td>7</td><td>桥台</td><td>0.7</td><td>35</td></tr>
<tr><td>8</td><td>墩台基础</td><td>0.1</td><td>50</td></tr>
<tr><td>9</td><td>河床</td><td>0</td><td>0</td></tr>
<tr><td>10</td><td>调治构造物</td><td>0</td><td>0</td></tr>
<tr><td rowspan="6">桥面铺装及公用系</td><td>11</td><td>桥面铺装</td><td>0.4</td><td>75</td><td rowspan="6">0.2</td><td rowspan="6">50.5</td></tr>
<tr><td>12</td><td>伸缩缝装置</td><td>0.25</td><td>0</td></tr>
<tr><td>13</td><td>人行道</td><td>0</td><td>0</td></tr>
<tr><td>14</td><td>栏杆、护栏</td><td>0.2</td><td>80</td></tr>
<tr><td>15</td><td>排水系统</td><td>0.1</td><td>45</td></tr>
<tr><td>16</td><td>照明、标志</td><td>0.05</td><td>0</td></tr>
<tr><td colspan="2">技术状况评分 Dr</td><td>44.3</td><td>技术状况等级 Dj</td><td colspan="3">5类</td></tr>
</table>

根据技术状况评定结果，得出如下结论：

康陵桥的技术状况评分 Dr 值为 44.3，桥梁总体技术状况等级评定为 5 类，主要构件存在严重缺损，不能正常使用，危及桥梁安全，桥梁处于危险状态。

3. 地质雷达检测和超声测强

通过现场数据采集、室内资料处理及分析，地质雷达法在委托方指定检测范围内布设的 27 条测线上未发现明显的异常，检测区域密实，无空洞和水囊等不良地质体。超声波法检测在指定的构件上未发明显的缺陷。

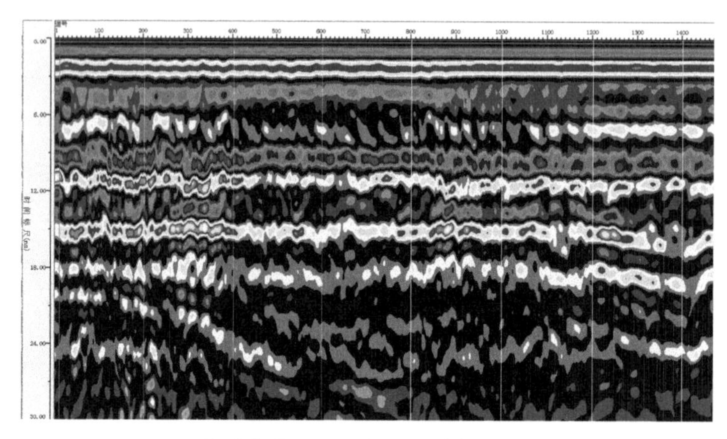

康陵桥桥顶面地质雷达剖面图

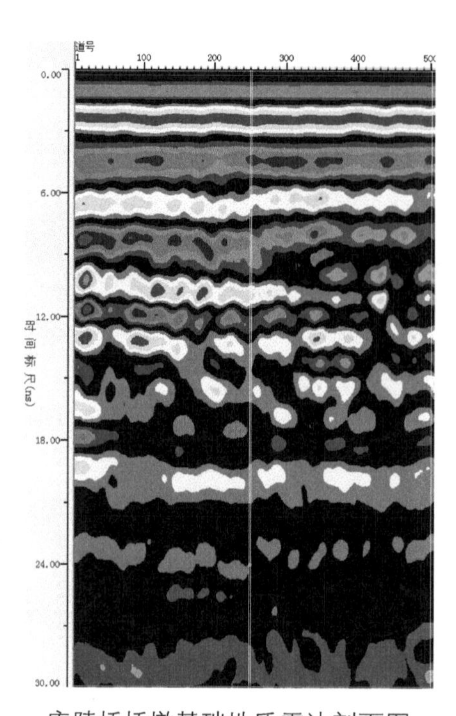

康陵桥桥墩基础地质雷达剖面图

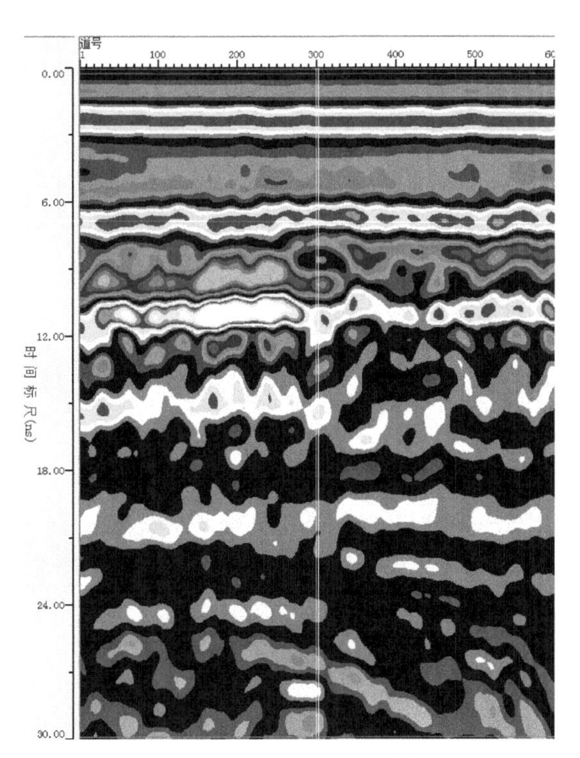

康陵桥桥洞下地面地质雷达剖面图

4. 超声回弹综合法和碳化深度检测

通过对检测成果的细致分析，参照相关规范的计算结果如下：

超声回弹综合法检测结果

测点 测区	1	2	3	4	5	6	7	8	9	10	11	12	13	14	15	16	碳化深度（毫米）	平均值（兆帕）	换算值（兆帕）	声速代表值（千米 / 秒）	备注
1	45	65	55	51	57	49	46	53	58	58	51	49	49	61	54	55	2.5	51.4	54.9	5.51	石墩
2	48	55	43	44	50	47	57	57	60	44	57	52	55	48	54	60	2.5	53.0	53.6	5.41	石墩
3	48	46	49	47	47	49	55	56	56	51	53	53	45	49	49	55	2.5	51.0	57.9	5.82	石墩
4	49	50	61	57	49	52	47	57	54	49	52	54	53	50	53	61	2.5	53.2	53.7	5.43	石墩
5	52	43	57	54	55	47	44	53	47	48	49	50	56	56	55	61	2.5	51.7	58.9	5.94	石墩
6	50	58	58	51	52	53	50	50	59	54	50	57	60	55	54	53	2.5	52.6	52.7	5.33	石墩
7	45	26	40	31	30	23	36	33	24	24	36	38	36	33	29	33	3.0	31.6	20.8	2.71	柏油路面
8	30	26	28	35	39	33	32	28	44	28	38	33	38	38	34	32	3.0	30.7	22.2	2.82	柏油路面

续表

测点 测区	1	2	3	4	5	6	7	8	9	10	11	12	13	14	15	16	碳化深度（毫米）	平均值（兆帕）	换算值（兆帕）	声速代表值（千米/秒）	备注
9	25	34	27	25	29	34	32	30	25	28	21	36	29	31	36	30	3.0	34.5	17.4	2.61	柏油路面
10	27	36	31	31	40	42	39	37	31	42	35	40	29	35	35	39	3.0	33.0	25.0	2.93	柏油路面
11	44	46	43	40	44	45	48	42	47	40	41	43	44	45	47	46	3.0	44.2	39.0	4.21	砌砖
12	40	49	44	43	42	46	45	43	45	47	42	46	40	43	37	40	3.0	43.3	37.5	4.09	砌砖
13	46	48	45	47	46	44	45	47	46	45	43	44	45	42	46	39	3.0	45.2	40.6	4.32	砌砖
14	43	46	47	46	45	43	46	42	45	43	44	45	47	43	44	46	3.0	44.7	39.7	4.19	砌砖
15	45	41	46	44	47	42	44	43	45	40	38	36	37	40	42	45	3.0	42.6	36.4	3.97	砌砖
16	42	42	44	47	45	41	45	46	48	45	47	40	39	41	43	44	3.0	43.7	38.1	4.12	砌砖

5. 桥面平整度检测

通过对检测成果的细致分析，参照相关规范的计算结果如下表：

桥面平整度检测结果

序号	检测点	最大间隙（毫米）	序号	检测点	最大间隙（毫米）	备注
1	1	4.6	11	11	5.4	
2	2	1.6	12	12	1.6	
3	3	2.4	13	13	2.7	
4	4	1.4	14	14	3.2	
5	5	6.8	15	15	3.4	
6	6	4.2	16	16	3.4	
7	7	5.2	17	17	4.6	
8	8	5.0	18	18	4.2	
9	9	3.4	19	19	3.2	
10	10	4.4	20	20	3.8	
平整度标准差 σ（毫米）		1.62			1.65	

6. 动力特性试验

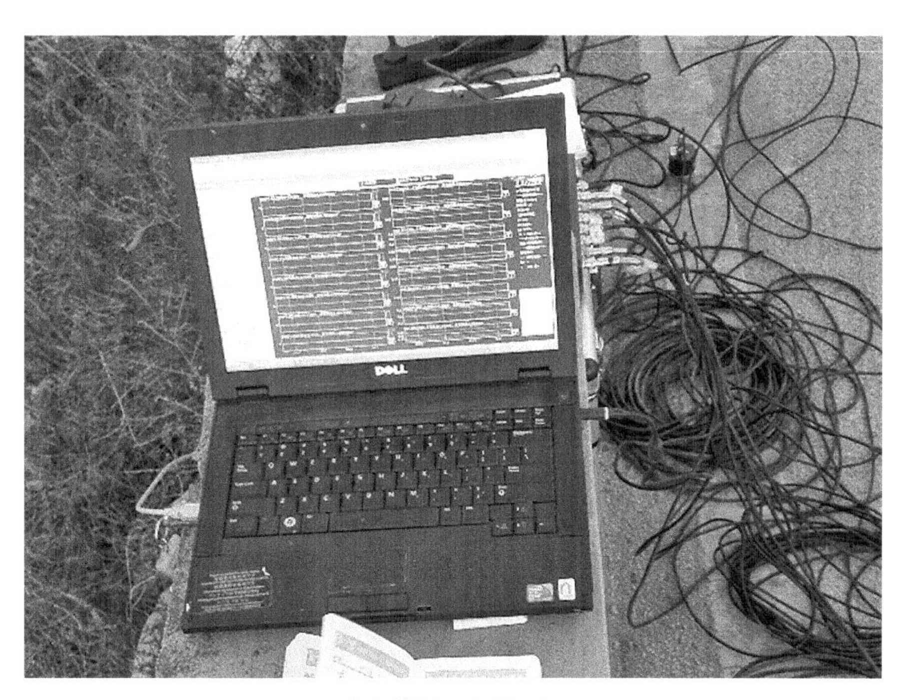

动力特性现场检测图

横向振动测点和竖向振动测点

桥梁的动力特性分析结果如下：

由加速度时程响应及频谱分析可见，在环境振动作用下，1～5 号竖向振动测点分别在 31、62 赫兹处均出现明显峰值；在和冲击振动作用下，1～5 号竖向振动测点分别在 28 处均出现明显峰值。依据环境振动法和冲击振动试验法及桥梁结构模态分析原理可知，31 赫兹为拱桥的竖向自振频率。

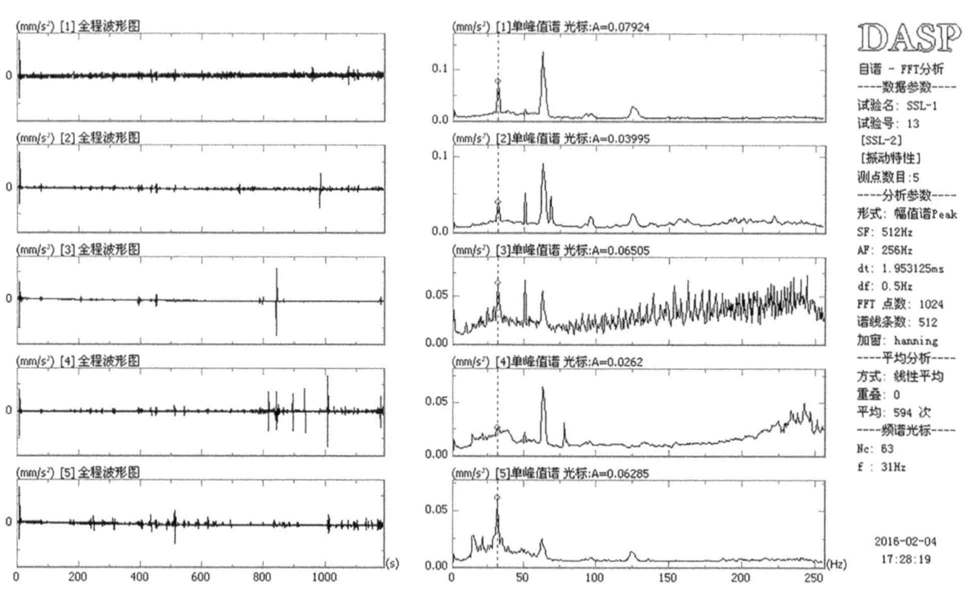

环境动作用下竖向测点加速度时程响应及频谱分析

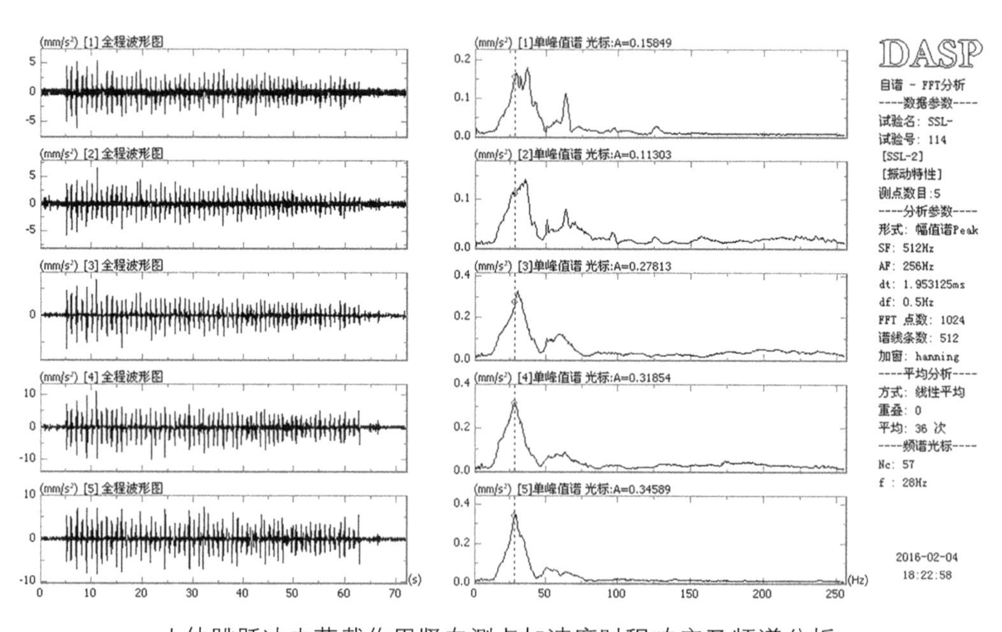

人体跳跃冲击荷载作用竖向测点加速度时程响应及频谱分析

7. 三维扫描测绘成果及分析

康陵桥俯视点云图

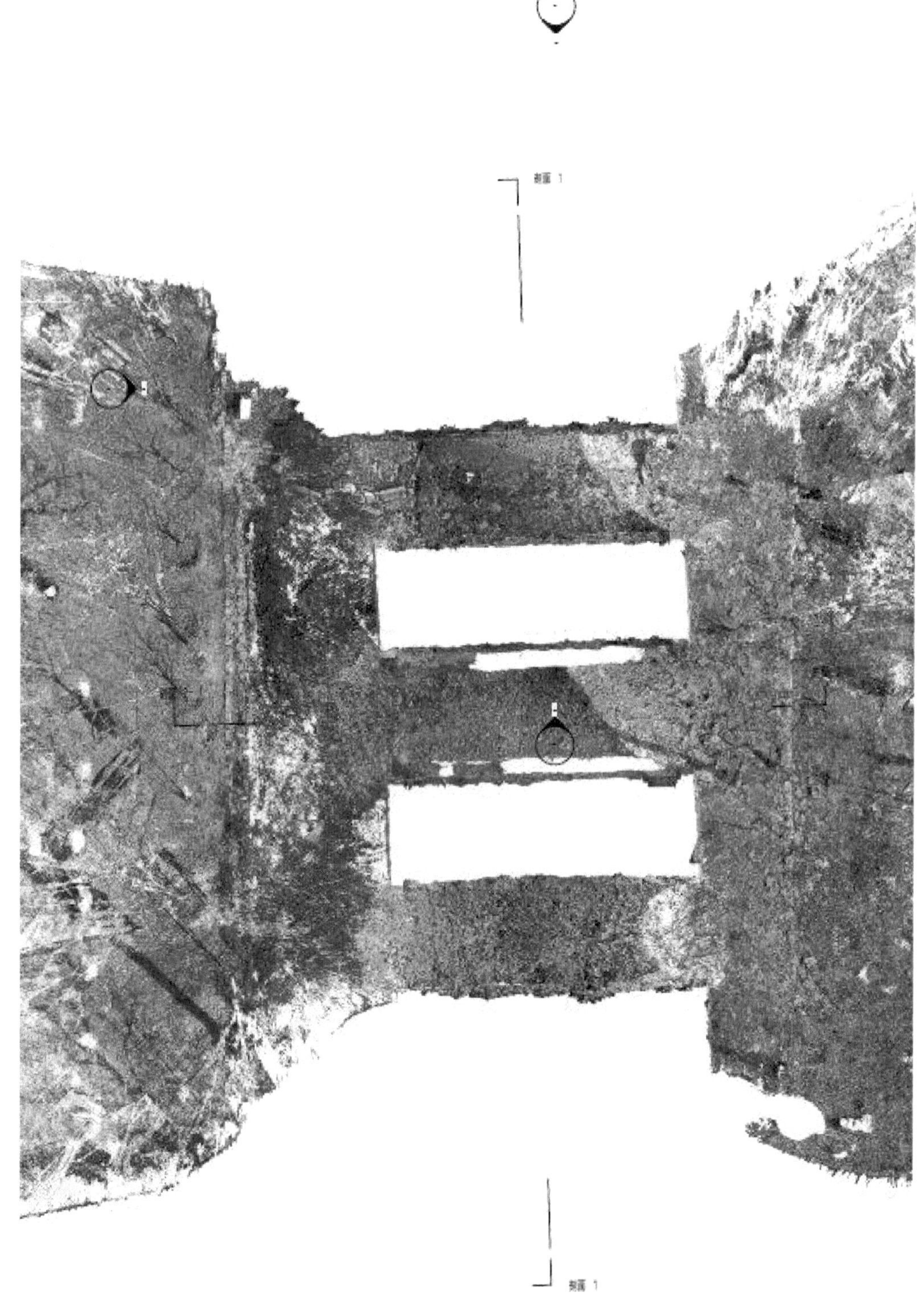

康陵桥俯视剖面点云图

康陵桥北向点云

康陵桥南向点云图

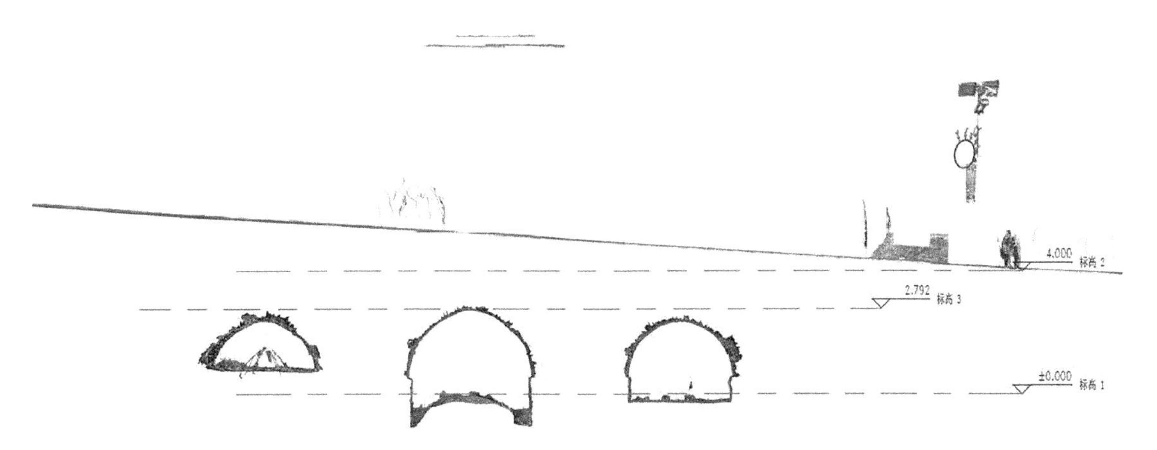

康陵桥北向剖面点云图

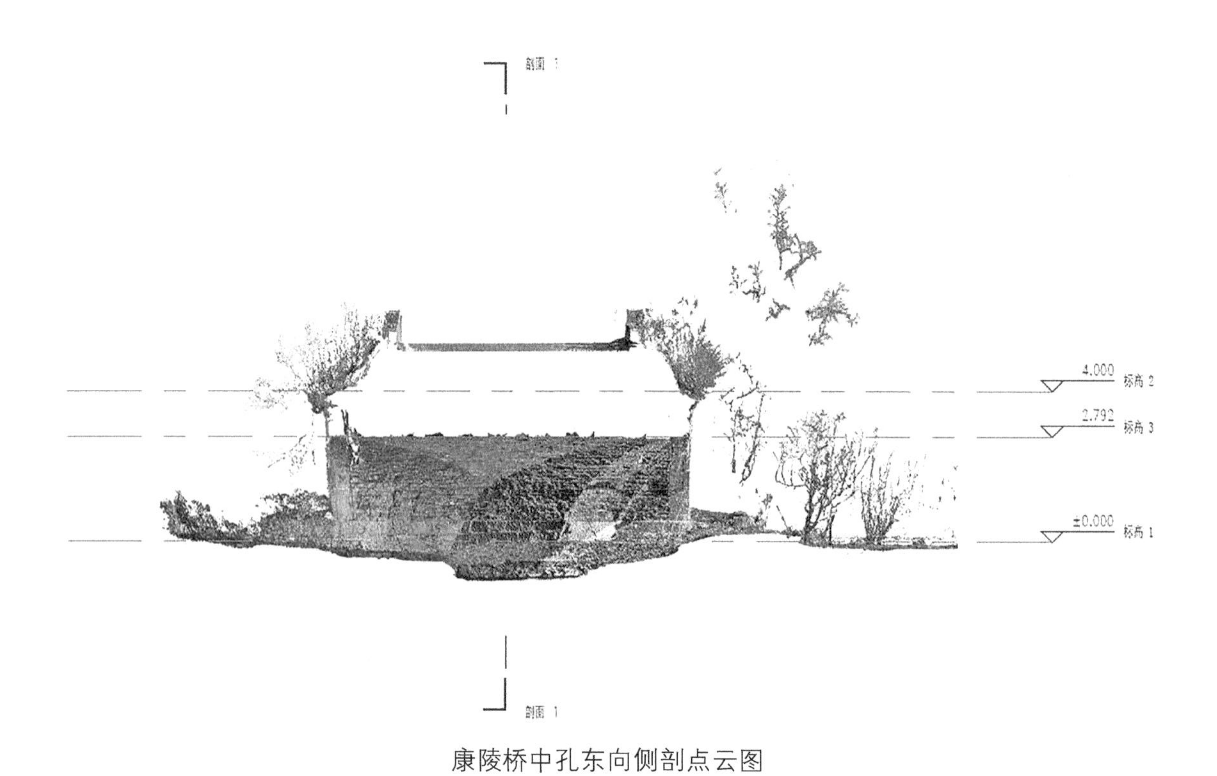

康陵桥中孔东向侧剖点云图

康陵桥点云模型图（一）

康陵桥点云模型图（二）

康陵桥点云模型图（三）

测绘分析：由三维数据的整体剖面图可以分析出来，标高是以左起 2 号桥洞为基本参照，1 号桥洞与 3 号桥洞的高度差异性较大，桥面垫高 1 米以上，且是斜面。

结论：康陵桥存在变形、不均匀沉降及倾斜，且内部砖石脱落，植物从主体结构中穿过生长，造成极大的破坏，桥面被不均匀垫高 1 米以上，存在安全隐患。

8. 检测结论与建议

8.1 检测结论

根据对康陵桥的检测结果，得出结论如下：

（1）根据《公路桥梁技术状况评定标准》（JTG/T H21—2011）中评定方法，康陵桥的技术状况评分 Dr 值为 44.3，桥梁总体技术状况等级评定为 5 类，主要构件存在严重缺损，不能正常使用，危及桥梁安全，桥梁处于危险状态。

（2）通过现场数据采集、室内资料处理及分析，地质雷达法在委托方指定检测范围内布设的 27 条测线上未发现明显的异常，检测区域密实，无空洞和水囊等不良地质体。超声波法检测在指定的构件上未发明显的缺陷。

（3）通过超声回弹检测桥梁强度可知：桥墩强度的换算值为 52.7 兆帕，柏油路面强度的换算值为 17.4 兆帕，砌砖的换算值为 36.4 兆帕。

（4）依据环境振动法和冲击振动试验法及桥梁结构模态分析原理可知，拱桥的竖向自振频率及横向自振频率分别为 28 赫兹、31 赫兹。

（5）通过三维激光扫描仪采集的数据整理出的图像，桥梁存在变形、不均匀沉降及倾斜。

8.2 建议

对康陵桥进行文物修复，并加强保护，防止其进一步劣化损毁；划定必要的保护范围，做出标志说明，建立记录档案，并区别情况分别设置专门机构或者专人负责管理。

后　记

从此检测项目开始，许立华所长、韩扬老师、关建光老师、黎冬青老师给与了大量的支持和建议，居敬泽、杜德杰、陈勇平、姜玲、胡睿、王丹艺、房瑞、刘通等同志，在开展勘察、测绘、摄影、资料搜集、检测、树种鉴定等方面做了大量工作。在此致以诚挚的感谢。

本书虽已付梓，但仍感有诸多不足之处。对于北京文物建筑本体及其预防性保护研究仍然需要长期细致认真的工作，我们将继续努力研究探索。至此再次感谢为本书出版给予帮助、支持的每一位领导、同事、朋友，感谢每一位读者，并期待大家的批评和建议。

张　涛

2020 年 8 月 11 日